99招 让你成为水电工能手

黄鹤 总主编

江西教育出版社
JIANGXI EDUCATION PUBLISHING HOUSE

图书在版编目（CIP）数据

99招让你成为水电工能手 / 黄鹤主编. ——南昌：江西教育出版社，2010.11

（农家书屋九九文库）

ISBN 978-7-5392-5897-3

Ⅰ.①9… Ⅱ.①黄… Ⅲ.①住宅—室内装修—给排水系统—工程施工—基本知识②住宅—室内装修—电气设备—工程施工—基本知识 Ⅳ.①TU767②TU821③TU85

中国版本图书馆CIP数据核字(2010)第198653号

99招让你成为水电工能手

JIUSHIJIU ZHAO RANG NI CHENGWEI SHUIDIANGONG NENGSHOU

黄鹤　主编

江西教育出版社出版

（南昌市抚河北路291号　邮编：330008）

北京龙跃印务有限公司印刷

680毫米×960毫米　16开本　7.5印张　150千字

2016年1月1版2次印刷

ISBN 978-7-5392-5897-3　定价：29.80元

赣教版图书如有印装质量问题，可向我社产品制作部调换

电话：0791-6710427（江西教育出版社产品制作部）

赣版权登字-02-2010-206

前 言 qianyan

随着社会经济的不断发展，人民的生活水平日益提高，家居装饰工程渐渐步入千家万户。这就造成了家居装饰工程的各类技术人员紧缺，尤其是水电工。而在目前家居装饰工程水电施工中，也存在不少不按规范规程施工，不重视施工安装质量、忽视施工安全的现象。因此，对有志于加入水电工行业的青年来说，基础知识普及显得尤为迫切。

本书是针对家居装饰“水电工”的实战工作而编著的，系统地介绍了水电工基本知识、给水排水施工、室内用电布线、照明装置的安装，以及安全用电基本常识等。内容全面、简明实用，适合有志于从事家居装饰“水电工”的读者快学快用。同时，也适用各类学校师生，以及自学者、水电 DIY 爱好者、家装装修公司设计师与务工人员、学手艺就业人员、业主、物业电工等读者阅读。

由于编者水平所限，加之成书时间仓促，书中难免有不妥之处，恳请广大读者批评、指正。

在本书的编写过程中，编者参考了一些相关书籍及文章，限于笔墨，这里就不一一列出书名及文章题目了，在此对作者表示衷心的感谢。

目录 Contents

第五章 电气照明装置安装18式 039

第六章 电工应急急救10招 057

第一章
电工基础知识

diangongjichuzhishi

什么是电工？如何能快速掌握电工技能成为电工能手？这是我们这本书研究的课题之一。首先，让我们来了解电工的含义：

电工，是指研究电磁领域的客观规律及其应用的科学技术，以及电力生产和电工制造两大工业生产体系。电工的发展水平是衡量社会现代化程度的重要标志，是推动社会生产和科学技术发展，促进社会文明的有力杠杆。

要了解电工这一行业，首先要了解电磁。电磁是自然界物质普遍存在的一种基本物理属性。因此，研究电磁规律及其应用的电工科学技术，对我们日常生活的方方面面，都有深刻的影响，例如电能的开发和利用。

电，是我们日常生活中利用率最高的一种能源，因为它便于从多种途径获得，常见的有水力发电、火力发电、核能发电、太阳能发电等等；同时，电能又便于转换为其他能量形式，例如电热、电动等，能满足我们日常生产和生活的种种需要。因为这一系列优点，使电能成为最理想的二次能源，格外受到人们关注。

在20世纪出现的大电力系统，构成现代工业社会传输能量的大动脉；以电磁为载体的信息与控制系统则组成了现代社会的神经网络。各种新兴电工材料的开发、应用，丰富了现代材料科学的内容。同时，我们对物质世界更深层次的认识、近代物理学的诞生以及系统控制论的发展等，都直接或间接地受到电工发展的影响。同时，各相邻学科的成就也不断促进电工向更高的层次发展。

所以，不要以为会用电笔，装个灯泡就你能当电工，这可是技术体力活，里面的学问大着呢。要想成为合格的电工，必须具备各种专业知识，例如电工基本知识、电力系统基础等等。首先，我们来了解一下，一个电工必须懂得的基本知识，以及专业术语。

第一节　电工基本知识

电工这个行业，有很多专业术语，如果你连这个都不了解，就谈不上接下来的布线。万丈高楼从地起，我们先要把基础打好才行！

1、电位、电压、电路和电源

电位又叫电势，是指单位电荷在静电场中的某一点所具有的电势能。在静电场中，A点与B点，这两点之间的点位不同，这两个电位的差值叫做电路两点的电压。认识电压要注意以下4点：

1）两点间的电压具有惟一确定的数值。

2）两点间的电压只与这两点的位置有关，与电荷移动的路径无关。

3）电压有正，负之分，它与标志的参考电压方向有关。

4）沿电路中任一闭合回路行走一圈，各段电压的和恒为零。

电压的单位是伏特(V)，根据不同的需要，也用千伏(KV)，毫伏(mV)和微伏(μV)为单位。

1KV = 1000V

1V = 1000 mV

1mV = 1000μV

电流所经过的路径叫电路。电路的组成一般由电源，负载和连接部分(导线，开关，熔断器)等组成

把其他形式的能转换成电能的装置叫做电源，例如发电机能把机械能转换成电能，电池把化学能转化为电能，这些都可以称作电源。在交流电路中，电源提供的功率可分为两种：一种是有功功率P，另一种是无功功率Q。

2、电流：

电能可以从A点到B点流动，这种电荷的有规则定向运动，称为电流。正电荷运动的方向为电流方向。习惯上规定正电荷移动的方向为电流的实际方向。电流方向不变的电路称为直流电路。

电流的大小用单位时间内通过导体截面的电荷量的多少来度量，如果在1s内，穿过导体截面的电荷量为1C，则称导体中通过的电流为1安培，简称为安，以符号A表示。电流的量符号为I。

电流(强度)的单位是安培(A)，大电流单位常用千安(KA)表示，小电流单位常用毫安(mA)，微安(μA)表示。

1KA = 1000A

1A = 1000 mA

1 mA = 1000μA

3、电阻与电阻率：

自然界的物质按其导电特性分为容易导电的叫导体，如各类金属，铜、铁等；不容易导电叫绝缘体，如木材、橡胶、塑料；介于两者之间的半导体，如硅、锗等。

即使能导电，但导体仍然对电流有一定的阻碍作用，这叫电阻，用符号R

表示，当电压为1伏，电流为1安时，导体的电阻即为1欧姆(Ω)，常用的单位千欧(KΩ)，兆欧(MΩ)。

1 MΩ = 1000 KΩ

1 KΩ = 1000Ω

电阻率，又叫电阻系数或叫比电阻。是衡量物质导电性能好坏的一个物理量，以字母ρ表示，电阻率越大，导电性能越低。则物质的电阻率会随温度的变化而变化，这种物质的电阻率随温度而变化的物理量叫做电阻的温度系数。其数值等于温度每升高1C时，电阻率的增加量与原来的电阻率的比值，通常以字母α表示，单位为1/C。

4、电功和功率

就像水流可以做功一样，电流也可以做工。给小电动机通电，电动机就转起来，可以把砝码提起。类似这样电流所做的功叫电功。

电流所做的功跟电流成正比，电流越大电功越大；跟电压成正比，电压大的时候电功大；跟用电时间成正比，即用电时间越久电功越大。电功的单位：J。

功率是指物体在单位时间内所做的功，即功率是描述做功快慢的物理量。功的数量一定，时间越短，功率值就越大。求功率的公式为功率 = 功/时间。功率的单位是瓦特，简称瓦，符号为W。功率的量符号为P。

电压、电流、就如同我们熟悉的水压。水在管道里流动时，其管道的粗细不同，其阻力也就不一样。在电路中导线粗细不同能够通过的电流也就不一样，这种阻碍电流通过的阻力就叫电阻。在水路中我们知道管道口径粗，其水的阻力就小，而且能够通过的水量也就大；相反管道如果细，阻力就大，能够通过的水量也就小。电线也一样。如导线粗电阻就小、能够通过的电流就大，相反如果导线细，能够通过的电流就小。

功率是能量单位。它同电压、电流、电阻的关系式是：

电压×电流 = 功率

电流×电阻 = 电压

了解上面的关系式后，我们就可以进行电路计算。要记清楚电压的单位是伏特(V)、电流的单位是安倍(A)、电阻的单位是欧姆(Ω)、功率的单位是瓦特(W)。

5、直流电和交流电

电流总是朝一个方向流动，叫做直流电。通过输电线或电缆送入家中的电，不是直流电，而是交流电。因为这种电流一会儿朝某个方向、一会儿又朝相反的方向流动。

比起直流电，交流电有非常多优点，其中最大的优点是可以通过变压器来升高或降低交流电电压，这样就能满足我们生产生活的各种需要。例如家用电器，电压太低无法使用；电压太高有可能对电器造成损坏。不同场所所用到的电压也不一样，家庭用电只要220伏，而工厂常用380伏。发电厂产的电，都要输送到很远的地方，供用户使用。电压越高，输送中损失越小。当电压升高到3.5万伏或22万伏，甚至高达50万伏时，输送起来就更加经济。可是因为不同场所用到的电压不同，就需要变压器。

虽然交流电优点多多，但直流电也有它的好处，在化学工业上，像电镀等，就非要直流电不可。开动电车，也是用直流电比较好。

为了适应各种电器的特定用途，也可把交流电变成直流电，这叫整流。一些半导体收音机或录音机上，都可用外接电源。通过一个方块形装置，把交流电变成直流电来使用。这个降压和整流用的装置，叫电源变换器。

6、三相电

能产生幅值相等、频率相等、相位互差120°电势的发电机称为三相发电机；以三相发电机作为电源，称为三相电源；以三相电源供电的电路，称为三相电路。U、V、W称为三相，相与相之间的电压是线电压，电压为380V。相与中心线之间称为相电压，电压是220V。

工业用电采用三相电，如三相交流电动机。

7、家庭电路

家庭电路主要组成部分有进户线（也叫电源线）、电能表、总开关、空气开关熔断器、用电器、插座、开关等.

家庭电路由外面的低压供电线路供电，我国的家庭电路的电压是220V。家庭电路的两根导线，一根叫零线，另一根叫火线，火线和零线之间的电压是220V，零线是接地的，所以，火线和地之间的电压也是220V。

电能表：用来测量用户在一定时间内所耗多少千瓦时的电能。

保险丝：家庭用保险丝是用阻率较大而熔点较低的铅锑合金制成的，有过大电流通过时，保险丝产生较多的热量，使它的温度达到熔点，于是保险丝熔断，自动切断电路，起到保护作用。

插座、接地：为了给电视机、洗衣机等家用电器供电，家庭电器中必须装有插座，通常的插座有两个插孔，也有三个插孔的。在三个插孔插座中，除了两个插孔分别接火线和零线外，另一个孔是跟大地连接的，也就是接地的。

测电笔：测电笔是用来辨别火线和零线的。

照明电灯的连接方法：火线零线并排走，火线进开关，通过开关进灯头，零线直接进灯头

8、负载：

把电能转换成其他形式的能的装置叫做负载。电动机能把电能转换成机械能，电阻能把电能转换成热能，电灯泡能把电能转换成热能和光能，扬声器能把电能转换成声能。电动机、电阻、电灯泡、扬声器等都叫做负载。

负载是取用电能的装置，也就是用电设备。连接部分是用来连接电源与负载，构成电流通路的中间环节，是用来输送，分配和控制电能的。

电荷有规则的定向流动，就形成电流，习惯上规定正电荷移动的方向为电流的实际方向。电流方向不变的电路称为直流电路。

9、欧姆定律

欧姆定律：在同一电路中，导体中的电流跟导体两端的电压成正比，跟导体的电阻阻值成反比，基本公式是 $I = U/R$。欧姆定律由乔治·西蒙·欧姆提出，为了纪念他对电磁学的贡献，物理学界将电阻的单位命名为欧姆，以符号 Ω 表示。

式中：I——电流(A)；U——电压(V)；R——电阻(Ω)。

部分电路的欧姆定律反映了部分电路中电压、电流和电阻的相互关系，它是分析和计算部分电路的主要依据。

10、涡流与它的利弊

在通电导体的范围或在通电线圈中的导电物体，由于受电流所产生的变化磁场的作用，而在导电物体内部产生了感应电流，这种电流以磁通的轴线为中心呈涡流旋形态，故称涡流。

在电机、变压器设备中，由于涡流的存在，会使铁芯发热，温度升高，造成电能损耗，设备容量不能充分利用。为了减少涡流损耗，人们把整块铁芯在垂直于涡流的方向上，分成许多薄片，片间用绝缘物质隔开，同时，在钢里加入少量的硅，来增加铁芯涡流的电阻，以减少涡流。变压器和电动机的铁芯就是用涂有绝缘漆的硅钢片叠成的。

涡流在生产实践中也有有利的方面。例如感应型测量仪表(例如电度表)上的铝圆盘的旋转，就是靠铝圆盘上的涡流和电磁铁的变化磁通相互作用为动力而转动的。另外，感应电炉炼钢，就是利用金属中产生的涡流，来加

热和溶解金属的。

11、交流电的周期、频率和角频率

交流电变化一周所用的时间叫做周期(用字母 T 表示),用秒做单位。在一秒钟内交流电变化的周数叫做频率(用字母 f 表示),单位是赫兹,简称赫(用字母 Hz 表示),有时也用周/秒(俗称周波或周)表示频率的单位。频率 f 和周期 T 之间的关系,是互为倒数的关系。即:f = 1/T 或 T = 1/ f

我国工频交流电的标准频率是 50 赫兹(即 50 周/秒),标准周期 1/50 = 0.02 秒。

交流电角频率 ω 就是角位移 a 与所用的时间 t 的比,它表示了交流电每秒所经过的电角度。交流电变化一周,就相当于变化了 2π 弧度(360 度)。用符号 ω 表示角频率,单位是弧度/秒。它和周期、频率的关系为:

$\omega = 2\pi/T = 2\pi f$

12、三相四线制供电系统中,中性线(零线)的作用

中性线是三相电路的公共回线。中性线能保证三相负载成为三个互不影响的独立回路;不论各相负载是否平衡,各相负载均可承受对称的相电压:如一相发生故障,都可保证其它两相正常工作。

中性线如果断开,就相当于中性点与负载中性点之间的阻抗为无限大,这时中性点位移最大,此时用电瓦数多的相,负载实际承受的电压低于额定相电压(灯泡的灯光发暗);用电瓦数少的相,负载实际承受的电压高于额定电压(灯泡的灯光过亮,要烧坏)。因此,中性线要安装牢固,不允许在中性线上装开关和保险丝,防止断路。

13、一次回路/主回路与 一次设备/主设备:

是指电力输送和分配的回路,其主要任务是进行电能的输送和分配。与其相连的设备称为一次设备或主设备,例如:变压器、断路器、熔断器、接地刀开关 刀开关 HS11 -100/48 胶板式(带罩) 、输变配线缆等;通常将终端的用电设备,如:电动机(马达)、照明灯等也归在一次设备的范围。也可以把一次回路理解为由输变配线缆 + 主设备(变压器、断路器等)+ 用电设备(马达、照明灯等)构成。

二次回路/控制回路与 二次设备/控制设备:

指对一次设备进行控制、指示、测量(计量)、监视和保护的回路,其主要任务是对一次回路的运行状态、运行参数等进行监控,保证回路的正常运行。与其相连的设备称为二次设备或控制设备,也叫控制电器,包括:PT(电压互

感器)、CT(电流互感器)、接触器、继电器、综合保护装置、断路器辅助接点、各种操作按钮、计量仪表、二次回路的控制线缆等。

14、变压器:

变压器就是利用交变电磁场来实现不同电压等级转换的设备(实际上是电能的转换),其变换前后的电压不发生频率上的变化。按照其用途可以分很多种,如电力变压器、整流变压器、调压器 DB 系列电源变压器引线式 DB-2000W 、隔离变压器,以及 CT、PT 等。我们在工程现场经常遇到的是电力变压器。

与变压器相关的一些主要的技术参数包括:

额定容量:指额定工作条件下变压器的额定输出能力(等于 U×I,单位为 kVA);

额定电压:空载、额定分接下,端电压的值(即一次、二次侧电压值);

空载损耗:空载条件下,变压器的损耗(也叫铁耗);

空载电流:空载条件下,一次侧线圈流过的电流值;

短路损耗:一次侧通额定电流,二次短路时所产生的损耗(主要是线圈电阻产生的);

第二节 配电工基础知识

配电工主要负责高压电气设备的运行与维护,如高压断路器、互感器、高压电容、变压器等。还有控制二次,如直流电屏、继电保护。操作分本地和远程,主要看具体的设备配置。绝大多数使用综自变。所以,配电工还必须了解一些知识:

1、什么是电力网?

电力网是电力系统的一部分,由各种电压等级的输电线路和各种类型的变电所连接而成。电力网以变换电压(变电)输送和分配电能为主要功能,是协调电力生产、分配、输送和消费的重要基础设施。电力网按其在电力系统中的作用不同,分为输电网和配电网两种类型。

输电网是以高电压甚至超高压将发电厂、变电所或变电所之间连接起来的送电网络,所以又可称为电力网中的主网架。

配电网是直接将电能送到用户的网络。

配电网的电压因用户的不同需要而又分为：

高压配电网(指35KV及以上电压)；

中压配电网(10KV、6KV、3KV电压)；

低压配电网(220V,380V电压)。

2、变压器的调压方式有哪几种?

变压器的调压方式分为无载调压和有载调压两种。

无载调压是在变压器一,二次侧都脱离电源的情况下,变换高压侧分接头来改变绕组匝数进行调压的。

有载调压是利用有载分接开关,在保证不切断负载电流的情况下,变换高压绕组分接头,来改变高压匝数进行调压的。

3、变压器的运行温度与温升范围有哪些规定?

变压器绕组的极限工作温度为105℃(周围空气温度最高40℃时)；

变压器上层油温最高不超过95℃;控制上层油温不应超过85℃。

变压器绕组的工作温升为65℃(周围空气温度最高40℃时)；

变压器上层油温的工作温升为55℃(周围空气温度最高40℃时)。

4、巡检时有哪些注意事项?

1）巡视高压设备时保证人体与带电导体的安全距离。不得触及设备绝缘部分,禁止移动或越过遮拦,并不得进行其他工作。

2）进入高压开关室,必须随手关门。

3）巡视设备时,应按规定的设备巡视路线进行,防止遗漏。重大设备如主变压器应围绕巡视一周,进行检查。

4）在巡视检查中发现问题,应及时向领导汇报并记入缺陷记录。

5）在设备过负荷,发热,异常声响或者发生恶劣天气,如暴风雨、雪、雾、冰冻、附近火灾等进行特殊巡视。

5、填用工作票的范围是什么?

第一种工作票：

1）高压设备上工作需要全部停电或部分停电者；

2）高压室内的二次接线和照明等回路上的工作,需要将高压设备停电或做安全措施者。

第二种工作票：

1）带电作业和带电设备外壳上的工作；

2）控制盘的低压配电盘、配电箱、电源干线上的工作；

3）二次接线回路上的工作，无需将高压设备停电者；

4）转动中的发电机，同期调相机的回路或高压电动机转子电阻回路上的工作；

5）非当值值班人员用绝缘棒和电压互感器定相或用钳形电流表测量高压回路的电流。

6、口头或电话命令的要求有哪些？

1）口头或电话命令，必须清楚正确，值班人员应将发令人、负责人及工作任务详细记入操作记录薄中，并向发令人复诵核对一遍。

2）严格执行行业规范用语，避免错误理解命令内容。

3）事故抢修工作可以不用工作票，但应记入操作记录薄内，在开始工作前必须按规定作好安全措施，并应指定专人负责监护。

第二章
9 招教你成电工速算能手

jiuzhaojiaonichengdiangongsusuannengshou

招式 1:已知变压器容量,怎么算出各电压等级侧额定电流

招式 2:已知变压器容量,怎么速算一、二次保护熔断体(俗称保险丝)的电流值

招式 3:已知电力变压器二次侧电流,怎么求算其所载负荷容量

招式 4:已知白炽灯照明线路电流,怎么求算其负荷容量

招式 5:已知无铭牌 380V 单相焊接变压器的空载电流,怎么求算基额定容量

招式 6:已知 380V 三相电动机容量,求其过载保护热继电器元件额定电流和整定电流

要想成为一个水电工能手，除了具备一定的行业知识，还要懂得一些速算口诀。现场快速求算电动机空载电流具体数值的口诀，它经过众多的测试数据而得。也就是说，它经过实践的检验，口诀算值完全能满足电工日常工作所需。所以，要想成为电工速算能手，一定要牢牢记住这些口诀。

行家出招

招式1 已知变压器容量，怎么算出各电压等级侧额定电流

口诀：容量除以电压值，其商乘六除以十。

专家解释：

这个口诀适用于任何电压等级。在日常工作中，有些电工只涉及一两种电压等级的变压器额定电流的计算，利用好这个口诀可以轻松得出结果。另外，如果将以上口诀简化，则可推导出计算各电压等级侧额定电流的口诀。

招式2 已知变压器容量，怎么速算一、二次保护熔断体（俗称保险丝）的电流值

口诀：配变高压熔断体，容量电压相比求。配变低压熔断体，容量乘9除以5。

专家解释：

众所周知，正确选用熔断体对变压器的安全运行关系极大。当仅用熔断器作变压器高、低压侧保护时，熔体的正确选用更为重要。这是电工经常碰到和要解决的问题。用这个口诀就可以迅速找到答案。

招式3 已知电力变压器二次侧电流，怎么求算其所载负荷容量

口诀：

已知配变二次压，测得电流求千瓦。

电压等级四百伏，一安零点六千瓦。

电压等级三千伏,一安四点五千瓦。

电压等级六千伏,一安整数九千瓦。

电压等级十千伏,一安一十五千瓦。

电压等级三万五,一安五十五千瓦。

专家解释:

电工在日常工作中,常常会碰到各种各样的用户、管理人员以及上级部门询问电力变压器的运行情况,负荷是多少。而电工本人因为工作关系也必须要知道变压器的负荷是多少。负荷电流易得知,直接看配电装置上设置的电流表,或用相应的钳型电流表测知,可负荷功率是多少。不能直接看到和测知,这就需靠这个口诀求算,否则用常规公式来计算,既复杂又费时间。

招式 4 已知白炽灯照明线路电流,怎么求算其负荷容量

口诀:照明电压二百二,一安二百二十瓦。

专家解释:

一般的企业的照明,多采用 220V 的白炽灯。照明供电线路指从配电盘向各个照明配电箱的线路,照明供电干线一般为三相四线,负荷为 4kW 以下时可用单相。照明配电线路指从照明配电箱接至照明器或插座等照明设施的线路。

不论供电还是配电线路,只要用钳型电流表测得某相线电流值,然后乘以 220 系数,积数就是该相线所载负荷容量。

测电流求容量数,可帮助电工迅速调整照明干线三相负荷容量不平衡问题,可帮助电工分析配电箱内保护熔体经常熔断的原因,配电导线发热的原因等等。

招式 5 已知无铭牌 380V 单相焊接变压器的空载电流,怎么求算基额定容量

口诀:

三百八焊机容量,空载电流乘以五。

专家解释:

单相交流焊接变压器实际上是一种特殊用途的降压变压器,与普通变压器相比,其基本工作原理大致相同。

为满足焊接工艺的要求,焊接变压器在短路状态下工作,要求在焊接时具有一定的引弧电压。当焊接电流增大时,输出电压急剧下降,当电压降到零时(即二次侧短路),二次侧电流也不致过大等等,即焊接变压器具有陡降的外特性,焊接变压器的陡降外特性是靠电抗线圈产生的压降而获得的。

空载时,由于无焊接电流通过,电抗线圈不产生压降,此时空载电压等于二次电压,也就是说焊接变压器空载时与普通变压器空载时相同。变压器的空载电流一般约为额定电流的6% ~8%(国家规定空载电流不应大于额定电流的10%)。这就是口诀和公式的理论依据。

招式6 已知380V三相电动机容量,求其过载保护热继电器元件额定电流和整定电流

口诀:

电机过载的保护,热继电器热元件;

号流容量两倍半,两倍千瓦数整定。

专家解释:

容易过负荷的电动机,由于起动或自起动条件严重而可能起动失败,或需要限制起动时间的,应装设过载保护。长时间运行无人监视的电动机或3kW及以上的电动机,也宜装设过载保护。过载保护装置一般采用热继电器或断路器的延时过电流脱扣器。目前我国生产的热继电器适用于轻载起动,长时期工作或间断长期工作的电动机过载保护。

热继电器过载保护装置,结构原理均很简单,可选调热元件却很微妙,若等级选大了就得调至低限,常造成电动机偷停,影响生产,增加了维修工作。若等级选小了,只能向高限调,往往电动机过载时不动作,甚至烧毁电机。

正确算选380V三相电动机的过载保护热继电器,尚需弄清同一系列型号的热继电器可装用不同额定电流的热元件。热元件整定电流按"两倍千瓦数整定";热元件额定电流按"号流容量两倍半"算选;热继电器的型号规格,即其额定电流值应大于等于热元件额定电流值。

招式7 如果知道380V三相电动机容量，怎么求其远控交流接触器额定电流等级

口诀：远控电机接触器，两倍容量靠等级；频繁起动正反转，靠级基础升一级。

专家解释：

目前常用的交流接触器有CJ10、CJ12、CJ20等系列，较适合于一般三相电动机的起动的控制。

招式8 已知小型380V三相笼型电动机容量，求其供电设备最小容量、负荷开关、保护熔体电流值

口诀：

直接起动电动机，容量不超十千瓦；

六倍千瓦选开关，五倍千瓦配熔体。

供电设备千伏安，需大三倍千瓦数。

专家解释：

口诀所述的直接起动的电动机，是小型380V鼠笼型三相电动机，电动机起动电流很大，一般是额定电流的4～7倍。用负荷开关直接起动的电动机容量最大不应超过10kW，一般以4.5kW以下为宜，且开启式负荷开关(胶盖瓷底隔离开关)一般用于5.5kW及以下的小容量电动机作不频繁的直接起动；封闭式负荷开关(铁壳开关)一般用于10kW以下的电动机作不频繁的直接起动。两者均需有熔体作短路保护，还有电动机功率不大于供电变压器容量的30%。总之，切记电动机用负荷开关直接起动是有条件的！

负荷开关均由简易隔离开关闸刀和熔断器或熔体组成。为了避免电动机起动时的大电流，负荷开关的容量，即额定电流(A)；作短路保护的熔体额定电流(A)，分别按“六倍千瓦选 开关，五倍千瓦配熔件”算选，由于铁壳开关、胶盖瓷底隔离开关均按一定规格制造，用口诀算出的电流值，还需靠近开关规格。同样算选熔体，应按产品规格选用。

招式9 已知笼型电动机容量，算求星—三角起动器(QX3、QX4系列)的动作时间和热元件整定电流

口诀：

电机起动星三角，起动时间好整定；

容量开方乘以二，积数加四单位秒。

电机起动星三角，过载保护热元件；

整定电流相电流，容量乘八除以七。

专家解释：

(1)QX3、QX4系列为自动星形－三角形起动器，由三只交流接触器、一只三相热继电器和一只时间继电器组成，外配一只起动按钮和一只停止按钮。起动器在使用前，应对时间继电器和热继电器进行适当的调整，这两项工作均在起动器安装现场进行。电工大多数只知电动机的容量，而不知电动机正常起动时间、电动机额定电流。时间继电器的动作时间就是电动机的起动时间(从起动到转速达到额定值的时间)，此时间数值可用口诀来算。

(2)时间继电器调整时，暂不接入电动机进行操作，试验时间继电器的动作时间是否能与所控制的电动机的起动时间一致。如果不一致，就应再微调时间继电器的动作时间，再进行试验。但两次试验的间隔至少要在90s以上，以保证双金属时间继电器自动复位。

(3)热继电器的调整，由于QX系列起动器的热电器中的热元件串联在电动机相电流电路中，而电动机在运行时是接成三角形的，则电动机运行时的相电流是线电流(即额定电流)的$1/\sqrt{3}$倍。所以，热继电器热元件的整定电流值应用口诀中"容量乘八除以七"计算。根据计算所得值，将热继电器的整定电流旋钮调整到相应的刻度－中线刻度左右。如果计算所得值不在热继电器热元件额定电流调节范围，即大于或小于调节机构之刻度标注高限或低限数值，则需更换适当的热继电器，或选择适当的热元件。

温馨提示

1. 什么是电度表、跨步电压与接地分类

电度表是计量电能的仪表。电度表可以计量交流电能，也可以计量直流

电能;在计量交流电能的电度表中,又可分成计量有功电能和无功电能的电度表两类。

计量交流电能的电度表一般为感应式电度表,分为单相电度表和三相电度表。

为确保人身安全,往往使用很低的电压作为电气设备的工作电压。我国规定工频交流电压有效值 50V 以下或直流 120V 以下为安全电压,这与 IEC 推荐的数值一致。

跨步电压:当电气设备碰壳或电力线路一相接地短路时,就有单相对地短路电流从接地体向大地四周流散,在地面上呈现出不同的电位分布。当人在接地短路点附近行走时,前脚与后脚之间(人的跨步一般以 0.8m 考虑)的电位差,称为跨步电压。

接地分类:在电气工程上,接地主要有五种类别:工作接地、保护接地、保护接零、重复接地、防雷接地。

2. 电工在工作中如何判断交流电与直流电

答:有一句话说:电笔判断交直流,交流明亮直流暗,交流氖管通身亮,直流氖管亮一端。意思说,利用低压验电笔是电工判断交流电与直流电的一种辅助安全用具。用于检查 500V 以下导体或各种用电设备的外壳是否带电。一支普通的低压验电笔,可随身携带,只要掌握验电笔的原理,结合熟知的电工原理,灵活运用技巧很多。使用低压验电笔之前,必须在已确认的带电体上验测;在未确认验电笔正常之前,不得使用。判别交、直流电时,最好在“两电”之间作比较,这样就很明显。测交流电时氖管两端同时发亮,测直流电时氖管里只有一端极发亮。

3. 怎么判断 380/220V 三相三线制供电线路相线接地故障?

答:有经验的电工会熟记一个法则:星形接法三相线,电笔触及两根亮,剩余一根亮度弱,该相导线已接地;若是几乎不见亮 ,金属接地的故障。

因为电力变压器的二次侧一般都接成 Y 形,在中性点不接地的三相三线制系统中,用验电笔触及三根相线时,有两根比通常稍亮,而另一根上的亮度要弱一些,则表示这根亮度弱的相线有接地现象,但还不太严重;如果两根很亮,而剩余一根几乎看不见亮,则是这根相线有金属接地故障。

第三章
19 招实现完美室内布线

shijiuzhaoshixianwanmeishineibuxian

招式 10:如何选择电线
招式 11:如何选择钢管
招式 12:如何选择 PVC 管
招式 13:如何进行预制加工
招式 14:如何固定盒、箱位置
招式 15:如何进行管路连接
招式 16:如何进行管暗敷设方式
招式 17:如何进行管弯、支架、吊架预制加工
招式 18:如何确定测定盒、箱及固定点位置
招式 19:如何进行支、吊架的固定和接地连接
招式 20:如何选择导线及穿带线
……

俗话说，装修开始，水电先行。在家装过程中，很多人只重视“表面现象”：瓷砖铺得平不平整？墙壁上的涂料刷得是否牢固？其实，对将来入住影响最大的既不是“木工活”也不是“瓦工活”，而是室内布线。室内布线是否安全合理，无论对家电还是对灯具的使用寿命和人身安全都会有影响。

如果家庭布线不当，就会引起频频跳闸，烧毁电器事小，引起火灾就麻烦了。所以我们在家装过程中，一定要小心谨慎，避免出错。

室内布线是一个非常复杂的系统工程，每一个步骤都要求细心谨慎。它的工序不外乎选择施工材料，配管安装，管内穿线。看似很简单，其实过程非常繁琐。

行家出招

第一节　线材料选购3招

装修用线可分为强电线、弱电线，用于供电、220V照明、插座、空调的家用电线为强电线，主要选用塑铜线，为区别线路的零、火、地线，设计有不同的表面颜色，一般火线用红色，地线用黑色或黄绿相间的双色线，零线用黄色或蓝色。

招式10 如何选择电线

目前，市场上的电线品种多、价格乱，消费者挑选时难度很大。一般家庭装修，常用2.5平方毫米和4平方毫米两种铜芯线，但价格上，同样规格的一盘线，因为厂家不同，价格可相差20%～30%。购买电线时怎样鉴别优劣呢？

一，导线的规格、型号必须符合设计要求和国家标准规定。选择导线时要看有无质量体系认证书；看合格证是否规范；看有无厂名、厂址、检验章、生产日期；看电线上是否印有商标、规格、电压等。还要看电线铜芯的横断面，优等品紫铜颜色光亮、色泽柔和，否则便是次品。此外，还要看包铜芯的绝缘层聚氯乙烯（PVC）的密度、厚度，是否均匀，是否紧密，质量越好，越不容易老化,破损、漏电几率越低。每一卷电线的长度标准,重量是否足,使用环境温度为-30至+70摄氏度。电气线路最低的绝缘电阻值不小于0.5MΩ。

二要试。可取一根电线头用手反复弯曲,凡是手感柔软、抗疲劳强度好、塑料或橡胶手感弹性大且电线绝缘体上无裂痕的就是优等品。

招式11 如何选择钢管

钢管的主要优点是安全可靠,能防止灰尘、潮气、蒸汽及腐蚀性气体的侵袭,能防止因线路短路而发生的火灾,但是价格比较昂贵。要选择那些符合国家现行技术标准的有关规定,并有合格证的钢管。钢管壁要厚,焊缝均匀规则,无劈裂,沙眼和凹凸现象。内外壁要经过除锈防腐处理。管材及附件的规格型号应符合设计要求,并相互配套,有相应的质量检验书及合格证。

招式12 如何选择PVC管

凡选择的PVC管都应通过检测且符合国家规定,具有难燃、自熄、易弯曲、耐腐蚀的特点。并且具有较强的抗压和抗冲击强度。管子内外壁光滑,无凹凸、针孔及气泡,内外径的尺寸应符合国家统一标准,管壁厚度均匀一致。

总结:购买线材时不要图便宜,尤其是隐藏工程里的管材,至少要用几十年,维修起来十分麻烦,因此还是选择有保障的品牌。因为各种线缆要预埋在地下或墙体内长期使用,无法随意更换,因此,线缆的质量就显得尤为重要,应从正规渠道购买线缆,以避免后患。

各种线材购买长度一定要比实际所用长度要长,不管选择多长的线都要达到所需的性能要求,而往往有些专业线材长度增加一点,可价格是翻倍的,所以购买专业线材时一定要注意线材长度的问题。

第二节　暗管敷设4招

室内有明管敷设和暗管敷设两种。暗管敷设是指将管线敷设在墙内、地坪内或天棚内等地方，施工要求是管路短、弯曲少，方便更换导线。

暗管敷设的施工程序为：施工准备→预制加工管煨弯→测定盒箱位置→固定盒、箱→管路连接→变形缝处理→接地处理

暗管敷设的基本要求为：敷设于多尘和潮湿场所的电线管路、管口、管子连接处应作密封处理；电线管路应沿最近的路线敷设并尽量减少弯曲，埋入墙或混凝土内的管子，离表面的净距离不应小于15mm；埋入地下的电线管路不宜穿过设备基础。

招式13 如何进行预制加工

●镀锌钢管管径为20mm及以下时，用拗棒弯管；管径为25mm及其以上时，使用液压煨弯器；塑料管弯制应采用配套弹簧进行操作。

●管子切断：钢管用钢锯、割管器、砂轮锯进行切管，将需要切断的管子量好尺寸，放在钳口内卡牢固进行切割。切割断口处应平齐不歪斜，管口刮锉光滑、无毛刺，管内铁屑除净。塑料管采用配套截管器操作。

●钢管套丝：钢管套丝采用套丝板，应根据管外径选择相应板牙，套丝过程中，要均匀用力。

招式14 如何固定盒、箱位置

首先根据设计要求确定盒、箱轴线位置，以土建弹出的水平线为基准，挂线找正，标出盒、箱实际尺寸位置。

先稳定盒、箱，然后灌浆，要求砂浆饱满、平整牢固、位置正确。现浇混凝土板墙固定盒、箱加支铁固定；现浇混凝土楼板，将盒子堵好随底板钢筋固定牢，管路配好后，随土建浇灌混

招式15 如何进行管路连接

●镀锌钢管必须用管箍丝扣连接。套丝不得有乱扣现象，管口锉平光滑平整，管箍必须使用通丝管箍，接头应牢固紧密，外露丝应不多于2扣；塑料

管连接应使用配套的管件和粘接剂。

●管路超过下列长度，应加装接线盒，其位置应便于穿线。无弯时30m；有一个弯时20m；有二个弯时15m；有三个弯时8m。

●管进盒、箱连接：盒、箱开孔应整齐并与管径吻合，盒、箱上的开孔用开孔器开孔，保证开孔无毛刺，要求一管一孔，不得开长孔。铁制盒、箱严禁用电焊、气焊开孔。钢管进入盒、箱，管口应用螺母锁紧，露出锁紧螺母的丝扣2~3扣，两根以上管进入盒、箱要长短一致，间距均匀、排列整齐；塑料管进入盒、箱后应采用锁扣进行固定。

招式16 如何进行管暗敷设

●随墙（砌体）配管：配合土建工程砌墙立管时，管子外保护层不小于15mm，管口向上者应封好，以防水泥砂浆或其它杂物堵塞管子。往上引管有吊顶时，管上端应煨成90°弯进入吊顶内，由顶板向下引管不宜过长，以达到开关盒上口为准，等砌好隔墙，先固定盒后接短管。

墙面内全部使用PVC管接头，弯头或接线盒，异型吊顶部位可用软PVC管（即PVC管或蛇皮管等阻燃型产品），电线保护管宜沿最近的路线铺设，管连接紧密，管口光滑，护口安全。

●现浇混凝土楼板配管：先确定箱盒位置，根据墙体的厚度，弹出十字线，将堵好的盒子固定牢然后敷管。有两个以上盒子时，要拉直线。暗管进入盒子的长度要适宜，管路每隔1m左右用铅丝绑扎牢。

暗管敷设完毕后，在自检合格的基础上，应及时通知业主及监理代表检查验收，并认真如实填写隐蔽工程验收记录。

第三节 明管敷设3招

明管敷设是指将管线敷设在墙壁、梁、柱等表面看得见的地方，施工要求是横平竖直，整齐美观，固定牢靠，每个固定点之间的距离要相等。

明管敷设的施工程序为：施工准备→预制加工管煨弯、支架、吊架→确定盒、箱及固定点位置→支架、吊架固定→盒箱固定→管线敷设与连接→变形

缝处理→接地处理

明管敷设工艺与暗管敷设工艺相同处参见暗管敷设的施工方法。

招式17 如何进行管弯、支架、吊架预制加工

明配管或埋砖墙内配管弯曲半径不小于管外径6倍。埋入混凝土的配管弯曲半径不小于管外径的10倍。虽设计图中对支吊架的规格无明确规定,但不得小于以下规格:扁铁支架30×3mm;角钢支架25×25×3mm。

招式18 如何确定测定盒、箱及固定点位置

根据施工图纸首先测出盒、箱与出线口的正确位置,然后按测出的位置,把管路的垂直、水平走向拉出直线,按照规定的固定点间距尺寸要求,确定支架,吊架的具体位置。固定点的距离应均匀,管卡与终端、转弯中点、电气器具或接线盒边缘的距离为150~300mm,并保持一致;中间的管卡最大距离如下表:

明配管中间管卡最大距离一览表

配管名称	管径(mm)				
管卡间最大距离(mm)	15~20	25~32	32~40	50~65	65以上
壁厚>2mm钢管	1500	2000	2500	2500	3500
壁厚≤2mm钢管	1000	1500	2000	/	/
硬塑料管	1000	1500	1500	2000	2000

招式19 如何进行支、吊架的固定和接地连接

根据工程的结构特点,支吊架的固定主要采用胀管法(即在混凝土顶板打孔,用膨胀螺栓固定)和抱箍法(即在遇到钢结构梁柱时,用抱箍将支吊架固定)。

变形缝处理:穿越变形缝的配管应有补偿装置。

镀锌钢管管路应作整体接地连接,穿过建筑物变形缝时,接地线应有补偿装置,接头两端应用配套的接地卡,采用 4mm2 的双色铜芯绝缘线作跨接线。

第四节　管内穿线 6 招

管内穿线施工程序:施工准备→选择导线→穿拉线→清扫管路→放线及断线→导线与带线的绑扎→带护口→导线连接→导线焊接→导线包扎→线路检查绝缘摇测。

地下室人防施工应严格按照有关规则进行,配管穿越防护单元须作密闭处理,密闭处理应根据各自的情况采用相应的方法。

招式 20　如何选择导线及穿带线

各回路的导线应严格按照设计图纸选择型号规格,相线、零线及保护地线应加以区分,用黄、绿、红导线分别作 A、B、C 相线,黄绿双色线作接地线,兰线作 N 线。

电线保护管及支架接地(接零),电气设备器具和非带电金属部件的接地(接零)、支线敷设应符合以下规定:连接紧密牢固,接地(接零)线截面选用正确、需防腐的部份涂漆均匀无遗漏,线路走向合理,色标准确,涂刷后不污染设备和建筑物。

穿带线的目的是检查管路是否畅通,管路的走向及盒、箱质量是否符合设计及施工图要求。带线采用 φ2mm 的钢丝,先将钢丝的一端弯成不封口的圆圈,再利用穿线器将带线穿入管路内,在管路的两端应留有 10 ~ 15cm 的余量(在管路较长或转弯多时,可以在敷设管路的同时将带线一并穿好)。当穿带线受阻时,可用两根钢丝分别穿入管路的两端,同时搅动,使两根钢丝的端头互相钩绞在一起,然后将带线拉出。

招式21 如何清扫管路,放线及断线

配管完毕后,在穿线之前,必须对所有的管路进行清扫。清扫管路的目的是清除管路中的灰尘、泥水等杂物。具体方法为:将布条的两端牢固地绑扎在带线上,两人来回拉动带线,将管内杂物清净。

放线:放线前应根据设计图对导线的规格、型号进行核对,放线时导线应置于放线架或放线车上,不能将导线在地上随意拖拉,更不能野蛮使力,以防损坏绝缘层或拉断线芯。

断线:剪断导线时,导线的预留长度按以下情况予以考虑:接线盒、开关盒、插销盒及灯头盒内导线的预留长度为15cm;配电箱内导线的预留长度为配电箱箱体周长的1/2;干线在分支处,可不剪断导线而直接作分支接头。

招式22 如何进行导线与带线的绑扎

当导线根数较少时,可将导线前端的绝缘层削去,然后将线芯直接插入带线的盘圈内并折回压实,绑扎牢固;当导线根数较多或导线截面较大时,可将导线前端的绝缘层削去,然后将线芯斜错排列在带线上,用绑线缠绕绑扎牢固。

招式23 如何进行管内穿线

在穿线前,应检查钢管(电线管)各个管口的护口是否齐全,如有遗漏和破损,均应补齐和更换。穿线时应注意以下事项:

同一交流回路的导线必须穿在同一管内

不同回路,不同电压和交流与直流的导线,不得穿入同一管内。

导线在变形缝处,补偿装置应活动自如,导线应留有一定的余量。

在穿线前,应检查钢管(电线管)各个管口的护口是否齐全,如有遗漏和破损,均应补齐和更换。穿线时应注意强电、弱电线路不得穿在同一根管内,一个管子也不宜只穿一根线。

电线在管内不能有接头和扭结,接头应设在接线盒内,否则,线路发生故障时,不利于检修和换线。电线在配电箱中的余量应为配电箱1/2周边的长度;在接线盒、插座盒、灯位盒、开关盒的电线余量应不小于150mm;电线距地面最小距离应大于150mm。电线接完后,从电线接头根部到墙面之间应保持50mm以上的长度。接线盒内的直通电线,应预留备用段,电线应成Ω形弯置放在盒内。

导线连接应有以下要求:导线接头不能增加电阻值;受力导线不能降低原机械强度;不能降低原绝缘强度。为了满足上述要求,在导线做电气连接时,必须先削掉绝缘再进行连接,多股线需搪锡或压接,包缠绳丝。单股导线建议采用具有成熟工艺的压接法,但压接帽的选择必须按照产品说明书进行。

招式24 如何进行导线连接和导线包扎

导线在铺设中,不得损坏电线的绝缘件,以免发生短路,断路现象。

电线明线铺设必须使用PVC线槽或PVC线管

导线包扎首先用橡胶绝缘带从导线接头处始端的完好绝缘层开始,缠绕1~2个绝缘带宽度,再以半幅宽度重叠进行缠绕。在包扎过程中应尽可能地收紧绝缘带(一般将橡胶绝缘带拉长2倍后再进行缠绕)。而后在绝缘层上缠绕1~2圈后进行回缠,最后用胶布包扎,包扎时要搭接好,以半幅宽度边压边进行缠绕。

铺装电线时,一定要用直径1.5毫米至2毫米有塑料或橡胶绝缘保护层的单股铜线,如果是火线、零线、地线三股平行铺设,三股线的外面还要用塑料管再包裹起来,以起到双重绝缘的目的

招式25 如何进行线路检查及绝缘摇测

线路检查:接、焊、包全部完成后,应进行自检和互检;检查导线接、焊、包是否符合设计要求及有关施工验收规范及质量验收标准的规定,不符合规定的应立即纠正,检查无误后方可进行绝缘摇测。

绝缘摇测:导线线路的绝缘摇测一般选用500V。填写“绝缘电阻测试记

录”。摇动速度应保持在120r/min左右,读数应采用一分钟后的读数为宜。

电气配管及管内穿线施工有一定的质量标准:

镀锌电线管严禁熔焊连接。管路连接紧密,管口光滑无毛刺,护口齐全,明配管及其支架、吊架平直牢固、排列整齐,管子弯曲处无明显折皱,暗配管保护层大于15mm。

盒、箱设置正确,固定可靠,管子进入盒、箱处顺直,在盒、箱内露出的长度小于5mm;用锁紧螺母固定的管口、管子露出锁紧螺母的螺纹为2~3扣。线路进入电气设备和器具的管口位置正确。

穿过变形缝处有补偿装置,补偿装置能活动自如;配电线路穿过建筑物和设备基础处加保护套管。补偿装置平整、管口光滑、护口牢固、与管子连接可靠;加保护套管处在隐蔽工程中标示正确。电线保护管及支架接地(接零),电气设备器具和非带电金属部件的接地(接零)、支线敷设应符合以下规定:连接紧密牢固,接地(接零)线截面选用正确、需防腐的部份涂漆均匀无遗漏,线路走向合理,色标准确,涂刷后不污染设备和建筑物。

导线的规格、型号必须符合设计要求和国家标准规定。电气线路最低的绝缘电阻值不小于0.5MΩ。盒、箱内清洁无杂物,护口、护线套管齐全无脱落,导线排列整齐,并留有适当余量。导线在管子内无接头,不进入盒、箱的垂直管子上口穿线后密封处理良好,导线连接牢固,包扎严密,绝缘良好,不伤线芯。

第五节　配电箱安装3招

配电箱安装施工前,土建应具备内粉刷完成、门窗已装好。预埋管道及预埋件均应清理好;场地具备运输条件,保持道路平整畅通。配电箱定位是指根据设计要求现场确定配电箱位置以及现场实际设备安装情况,按照箱的外形尺寸进行弹线定位。

施工时,首先检查柜(盘)本体外观有无损伤及变形,油漆完整无损。损伤的柜(盘)不能使用,因为存在漏电风险。

然后要进行柜(盘)内部检查,看看电器装置及元件、绝缘瓷件是否齐全,有无损伤、裂纹等缺陷。安装前核对配电箱编号是否与安装位置相符,按设计图纸检查其箱号、箱内回路号。箱门接地应采用软铜编织线,专用接线端子。箱内接线应整齐,满足设计要求及验收规范的规定。

招式26 如何进行基础型钢安装

基础型钢架的安装要按图纸要求来预制加工,并做好防腐处理,按施工图纸所标位置,将预制好的基础型钢架放在预留铁件上,找平、找正后将基础型钢架、预埋铁件、垫片用电焊焊牢。最终基础型钢顶部宜高出抹平地面10mm。

基础型钢接地:基础型钢安装完毕后,应将接地线与基础型钢的两端焊牢,焊接面为扁钢宽度的二倍,然后与柜接地排可靠连接,并做好防腐处理。

招式27 如何进行配电柜(盘)安装

柜(盘)安装:应按施工图的布置,将配电柜按照顺序逐一就位在基础型钢上。单独柜(盘)进行柜面和侧面的垂直度的调整可用加垫铁的方法解决,但不可超过三片,并焊接牢固。成列柜(盘)各台就位后,应对柜的水平度及盘面偏差进行调整,应调整到符合施工规范的规定。

挂墙式的配电箱可采用膨胀螺栓固定在墙上,但空心砖或砌块墙上要预埋燕尾螺栓或采用对拉螺栓进行固定。安装配电箱应预埋套箱,安装后面板应与墙面平。

柜(盘)调整结束后,应用螺栓将柜体与基础型钢进行紧固。

柜(盘)接地:每台柜(盘)单独与基础型钢连接,可采用铜线将柜内PE排与接地螺栓可靠联结,并必须加弹簧垫圈进行防松处理。每扇柜门应分别用铜编织线与PE排可靠联结。

柜(盘)顶与母线进行连接,注意应采用母线配套扳手按照要求进行紧固,接触面应涂中性凡士林。柜间母排连接时应注意母排是否距离其他器件或壳体太近,并注意相位正确。

控制回路检查:应检查线路是否因运输等因素而松脱,并逐一进行紧固,电器元件是否损坏。原则上柜(盘)控制线路在出厂时就进行了校验,不应对柜内线路私自进行调整,发现问题应与供应商联系。

控制线校线后,将每根芯线煨成圆圈,用镀锌螺丝、眼圈、弹簧垫连接在每个端子板上。端子板每侧一般一个端子压一根线,最多不能超过两根,并且两根线间加眼圈。多股线应涮锡,不准有断股。

招式28 如何进行行柜(盘)试验调整

高压试验应由当地供电部门许可的试验单位进行。试验标准符合国家规范、当地供电部门的规定及产品技术资料要求。

试验内容有高压柜框架、母线、避雷器、高压瓷瓶、电压互感器、电流互感器、各类开关等。以过流继电器调整,时间继电器、信号继电器调整以及机械连锁调整为调整内容。

二次控制小线调整及模拟试验,将所有的接线端子螺丝再紧一次。

绝缘测试:用500V绝缘电阻测试仪器在端子板处测试每条回路的电阻,电阻必须大于0.5MΩ。

二次小线回路如有晶体管,集成电路、电子元件时,应使用万用表测试回路是否接通。

接通临时的控制电源和操作电源;将柜(盘)内的控制、操作电源回路熔断器上端相线拆掉,接上临时电源。

模拟试验:按图纸要求,分别模拟试验控制、连锁、操作、继电保护和信号动作,正确无误,灵敏可靠。拆除临时电源,将被拆除的电源线复位。

安装作业应全部完毕后,要检查母线、设备上有无遗留下的杂物。然后做好试运行的组织工作,明确试运行指挥人,操作人和监护人。清扫设备及变配电室、控制室的灰尘。用吸尘器清扫电器、仪表元件。继电保护动作灵敏可靠,控制、连锁、信号等动作准确无误。

送电前,由供电部门检查合格后,将电源送进建筑物内,经过验电、校相无误,由安装单位合进线柜开关,检查PT柜上电压表三相是否电压正常。合变压器柜开关,检查变压器是否有电。合低压柜进线开关,查看电压表三相是否电压正常。

在低压联络柜内,在开关的上下侧(开关未合状态)进行同相校核。用电压表或万用表电压档500V,用表的网个测针,分别接触两路的同相,此时电压表无读数,表示两路电同一相。用同样方法,检查其他两相。

送电空载运行24小时后,无异常现象、即可办理验收手续,交建设单位使用。同时提交变更洽商记录、产品合格证、说明书、试验报告单等技术资料。

温馨提示

怎么预防敷设好的线路不受后续工序破坏?

答:墙壁线路被电锤打断、安装地板时气钉枪打穿了PVC线管或护套线。为此要对隐蔽好的线路做上标记,避免被下道工序施工人员无意中破坏。这些问题怎么预防呢?

第一、线路尽量减少接头。如果必须接线,配电线路要打好接头,做好绝缘及防潮,有条件的话(在适当的工程报价之下)还可以"涮锡"或使用接线端子;电视天线的同轴电缆接线最好使用分置器或接线盒,电话线路与电视线路做法差不多。

第二、墙壁的隐蔽线路使用PVC硬质线管,注意与线号配套;地面走线要考虑到今后会长期处于受压状态,施工当中会受影响,所以最好使用水煤气管(也就是铁管),而且要固定好,不让它移动。

家庭电路常见故障有哪些?

答:日常生活中,照明电路在使用时有时候会出现这样那样的故障,此时,如果我们可以掌握一些常见的电路故障及其一些必要的判断、检修方法就非常有用。我们经常遇到的家庭电路故障主要开路、短路、过载、电路接触不良和电路本身连接错误而引起故障。

开路是指因为电路中某一处因断开而使电阻过大,电流无法正常通过,导致电路中的电流为零。灯丝断了;灯座、开关、拉线盒开路;熔丝熔断或进户线开路等。开路会造成用电器无电流通过而无法正常工作。

短路:如接在灯座内两个接线柱的火线和零线相碰;插座或插头内两根接线相碰;火线和零线直接连接而造成短路。短路会把熔丝熔断而使整个照明电路断电,严重者会烧毁线路引起火灾。造成短路的主要原因有线路老化,绝缘破坏而造成短路;电源过电压,造成绝缘击穿;人为的多种乱拉乱接造成;室外架空线的线路松弛,大风作用下碰撞;6、线路安装过低与各种运输物品或金属物品相碰造成短路.

过载:过载就是负荷过大,超过了设备本身的额定负载,产生的现象是电流过大,用电设备发热,线路长期过载会降低线路绝缘水平,甚至烧毁设备或线路；

电路接触不良：如灯座、开关、挂线盒接触不良；熔丝接触不良；线路接头处接触不良等。这样会使灯忽明忽暗，用电器不能连续正常工作。

电路本身连接错误而引起故障：如插座的两个接线柱全部接在火线或零线上；开关误接在主线中的火线上；灯泡串联接在电路中等。

遇到以上这些情况怎么办？首先，要学会用检测笔。当测电笔放在总闸开关上，如果有电的话，再用校火灯头并联在闸刀开关下的两个接线柱上，这时候灯亮了，说明进户线正常。灯不亮，说明进户线开路，只需要修复进户线就可以了。之后，再用测电笔检查各个支路中的火线，如氖管不发光，表明这个支路中的火线开路，应修复接通火线；如各个支路中用测电笔时氖管都发光，则再用校火灯头分别接到各个支路中检查，发现哪个支路的灯不亮，就表明这个支路的零线开路了，需修复这个支路的零线。

然后，取下干路上熔断器盒盖，将校火灯头串接入一只熔断器的上下两端，这个时候如果灯亮了，那就说明是短路了。同样，在各个支路开关的接点上用上述方法将校火灯头串接进去，接入该支路时灯亮，就表明这个支路短路了。这个时候，只要检修这条支路就能轻松搞定线路故障了。

第四章 室内弱电系统安装7要义

shineiruodianxitonganzhuangqiyaoyi

电力应用按照电力输送功率的强弱可以分为强电与弱电两类。建筑及建筑群用电一般指交流220V50Hz及以上的强电。主要向人们提供电力能源。而家居的照明电线工程我们也称之为强电工程,电灯亮不亮?空调插座有没有通电?等等,这些都是属于强电工程的范畴

而电视信号工程,如电视监控系统、有线电视、通信工程,如电话、智能消防工程、扩声与音响工程等等都属于弱电系统工程。随着经济的不断发展,我们对弱电工程的要求越来越高,如何安装室内弱电系统,专家给你支招。

跟强电工程安装一样,弱电系统安装一样遵循选材——施工的原则。材质的优劣,决定你的电视到底清不清晰,电话效果如何。

行家出招

第一节　3招选择弱电电线

招式29　如何选择电话线

电话线就是电话的进户线,连接到电话机上,才能打电话。电话线也是由铜芯线构成,芯数不同,其线路的信号传输速率也不同,芯数越高,速率越高。电话线的国际线径为0.5㎜。电话线常用规格有二芯、四芯和六芯。我国的电话线网络及电话插口均为二芯,而欧美国家的电话插口多为六芯。使用普通电话,选用二芯电话线即可。使用传真机或者电脑拨号上网最好选用四芯或六芯电话线。

招式30　如何选择网线

随着ADSL等宽带进入家庭,几部电脑上网的情况越来越常见。家庭用的网线一般是五类非屏蔽双绞线。由于某些非正规厂商不遵守网络布线标准,偷工减料,以次充好,致使五类双绞线真假难辨。如果选用了不符合标准的线缆,会使网络整体性能下降,并为将来网络的升级埋下隐患。选购双绞线首先要查

看电缆外面包皮上的说明信息。例如:“AMP SYSTEMS CABLE…24AWG…CAT5”表示AMP公司(最具声誉的品牌),24AWG指局域网使用的双绞线,CAT5表示为五类。其次看它是否易弯曲。双绞线应弯曲自然,以方便布线。电缆中的铜芯不能太软,也不能太硬,应具有较好的韧性,使双绞线在移动中不至于断线。同时太软不便接头的制作,太硬则容易产生接头处断裂。

最后要看双绞线 包皮是否具有阻燃性。除应有很好的抗拉特性外,还应有阻燃性。正品:胶皮火烧受热松软,不起火;假货,一点就着。

招式31 如何选择音箱线

音响线又称发烧线,是由高纯度无氧铜作为导体制成,此外还有用银做为导体制成的,损耗很小,但价格非常昂贵。只有专业级才用到银线,所以普遍使用的是铜制的发烧线。音响线是用于家庭影院中功放和主音箱及环绕音箱的连接。音响线常用规格有32芯、70芯、100芯、200芯、400芯、504芯。芯数越多(线越粗),失真越小,音效越好。主音箱、中置音箱应选用200支以上的音响线。环绕音箱用100芯左右的音响线;预埋音响线如果距离较远,可视情况用粗点的线。如果需暗埋音响线,同样要用PVC线管进行埋设,不能直接埋进墙里。

购买音视频线时一定要购买成品线,成品线无论在做工、性能、稳定性上都要比散线好,品牌成品线甚至要比名牌散线的实际效果要好,因为成品线每一根都要经过不同的专业仪器进行分项测试,只有全合格的才能出厂,而散线根本做不到专业测试,最多做通断测试。

电源线必须带“CCC”认证标志和认证号的。注:“CCC”是中国的安全认证标志,不是产品质量的标志。

第二节 4招安装弱电系统

弱电一般是指直流电路或音频、视频线路、网络线路、电话线路,直流电压一般在24V以内。家用电器中的电话、电脑、电视机的信号输入(有线电视线路)、音响设备(输出端线路)等家用电器均为弱电电气设备。

招式32 如何安装有线电视的布线

外线进户后,根据房间的多少,直接用一只(一分三或一分四)分配器经分配后接入各房间。如果进户有两路线的话,建议一路直接接客厅,这样客厅电视机的清晰度会更好。另一路经分配器接各房间。

首先要使用多媒体信息箱(俗称弱电箱)。将有线电视线接入信息箱中,再从信息箱布线到其他房间,同时在多媒体信息箱中接入电源插座。选择多媒体信息箱时应选用空间较大的,尺寸一般为25cm X 20cm X 18cm.。其次应采用星型布线法,外线进户后,根据房间的多少,直接用一只(二分配、三分配或四分配)分配器经信号分配后,用-5电缆接入各房间。分配器应放在多媒体信息箱中。最好采用管套装敷设,以备当线路出现老化后更换新线,穿线过程中尽量避免线缆扭绞和折成90度。

正确使用分配器 分配电视信号应使用分配器,不得使用三通或将室内多条同轴电缆和入户电缆的芯线扭在一起来共享信号,这样会严重影响有线电视信号的质量。

使用分配器应注意输入(IN),和输出端(OUT),进线应接在输入端(IN),其他房间的电缆应接在输出端(OUT)。最后注意强电和弱电要分离布线。电源线属于强电,接的负载越大,产生的电磁波干扰也就越强。而电话线、有线电视线属于弱电,所以电源线应该和电话线、有线电视线分开走线。

招式33 如何安装网络线

随着ADSL的普及,一个家庭同时使用几部电脑上网的情况越来越普遍。所以,在家装中,首先要考虑总控制点设在哪里,设在书房最好。然后在需要接网线的地方都要设上网点,例如卧室床头、书桌、客厅沙发旁等。

从每个上网点要拉一根单独的网线到总控的地方,两头稍微留多点线,拉线穿管要做到横平竖直的,直角转弯,弯角用弯角pvc管接,以方便以后万一重新穿线用。穿线路线要画图记录下来以备以后墙上打孔的避开管线!

弱电配线箱最好选择具有ADSL路由模块的,如果没有,则选择大一点的弱电箱,以备留有空间给ADSL路由器用,否则放外面就不美观了。考虑到有可能用有线电视线上网,所以总控的地方要接入有线电视,最好是单独一路的。

招式34 如何安装电话线

电话线也要像网络线一样,一个接点拉独立一根到总控制箱。现代家庭电话接点多,卧室、客厅、厨房、卫生间都有可能安装电话,复式结构或者别墅的话,就更多。电话并线后,几个点同时振铃有可能造成电信程控机故障,所以如果4个电话点以上建议考虑家庭小程控机。

然后,将各个点的电话线电话引入总控制箱,现在普遍都使用两路电话线接入,把两路电话进线全部接入到总控制箱去,一路用于电话,一路用于ADSL(不带电话号码的那种),这样上网质量也好,互不影响,比装分离器要好。

为了方便,电话线和网络线穿在同一根PVC管内,理论上电话线和网络线应分开布线,间距10cm以避免相互干扰,考虑到家庭电话和网络同时使用的时间很短,不会造成大的干扰。

招式35 如何安装环绕音箱的布线

音响布线并不复杂,只要将确定好自己电视机和音响的摆位,将环绕音箱的线预先埋在墙里,两头(一头在沙发两侧,一头在电视机后面墙上)用接线柱接出即可,一路声道只需用两个柱,两个环绕音箱四个即可。主音箱、中置音箱和超重低音一般都是放在正面,无需埋线。音箱线一般是透明的多股铜芯线,高级发烧线是无氧铜的,一般芯越多越好,比如说200芯,起码也要50芯以上。便宜的大概7-8块钱一米。

如果要用功放的另一路独立输出作背景音乐,则需要从功放后面接音频线一直到需要安装背景音乐喇叭的地方,一般是有源音箱,所以安装之处还得有电源接出,现在大多都是立体声音乐,所以同时要接两根线。注意音频线不是音箱线,音频线就是通常家里接VCD/DVD的信号线,接头用的是莲花插。

温馨提示

1、强电与弱电要如何区分?

答:强电和弱电有几个不同,第一,交流频率不同。强电的频率一般是50Hz(赫),称“工频”,意即工业用电的频率:弱电的频率往往是高频或特高频,以 KHz(千赫)、MHz(兆赫)计。

第二,传输方式不同。强电以输电线路传输,弱电的传输有有线与无线之分。无线电则以电磁波传输。

第三,功率、电压及电流大小不同。强电功率以 KW(千瓦)、MW(兆瓦)计、电压以 V(伏)、KV(千伏)计,电流以 A(安)、kA(千安)计;弱电功率以 W(瓦)、mW(毫瓦)计,电压以 V(伏)、mV(毫伏)计,电流以 mA(毫安)、uA(微安)计,因而其电路可以用印刷电路或集成电路构成。

当然,强电中也有高频(数百 KHz)与中频设备,但电压较高,电流也较大。又如手电筒与电动剃须刀虽然电压很低,功率及电流很小,仍属强电。由于现代技术的发展,弱电已渗透到强电领域,如电力电子器件、无线遥控等,但这些只能算作强电中的弱电控制部分,它与被控的强电还是不同的。

2、各个房间应如何布线?

1、卧室应该包括电源线、照明线、空调线、电视线、电话线、电脑线。

2、走廊、过厅包括电源线、照明线。

3、厨房:包含 2 支路线:包括电源线、照明线。

电源线部分尤为重要,最好选用 4mm2 线,因为随着厨房设备的更新,目前使用如微波炉、抽油烟机、洗碗机、消毒柜、食品加工机、电烤箱、电冰箱等设备增多,所以应根据客户要求在不同部位预留电源接口,并稍有富余,以备日后所增添的厨房设备使用。

4、餐厅: 包含 3 支路线:包括电源线、照明线、空调线。

5、卫生间: 包含 3 支线路:电源线、照明线、电话线。

考虑电热水器、电加热器等大电流设备,电源线接口最好安装在不易受到水浸泡的部位,如在电热水器上侧,或在吊顶上侧。电话接口应注意要选用防水型的。最好在坐便器旁再安个排风扇开关。

6、客厅:包含 8 支路线:包括电源线、照明线、空调线、电视线、电话线、电脑线、对讲器或门铃线、报警线(指烟感,红外报警线)。

7、书房: 包含 7 支线路;包括电源线、照明线、电视线、电话线、电脑线、空调线。

8、阳台: 包含 2 支线路:包括电源线、照明线。

第五章
电气照明装置安装 16 式

dianqizhaomingzhuangzhianzhuangshiliushi

招式 36:如何选择吊灯
招式 37:如何选择吸顶灯
招式 38:如何选择射灯
招式 39:如何挑选壁灯
招式 40:如何挑选筒灯
招式 41:如何选择浴霸
招式 42:如何选择节能灯
招式 43:如何安装吊灯
招式 44:如何安装天花灯
招式 45:如何进行通电试亮
招式 46:如何选择开关
……

在家装过程中，电气照明工程是整个电气工程的一个重要组成部分。电气照明的供配电、照明灯具及附件的安装，是电气施工的一个重要内容。本章节，主要介绍家庭装修中照明灯具、开关、插座的施工安装。

灯饰是家具的眼睛。在现代家庭装饰中，灯具的作用已经不仅仅局限于照明，更多的时候是它的装饰作用。因此灯具的选择就要更加复杂得多，它不仅涉及到安全省电，而且会涉及到材质、种类、风格品位等诸多因素。

而灯饰的布置，切忌杂乱无章，吊灯、射灯、筒灯、花灯、壁灯一并用上，这不仅不能起到装饰作用，反而会影响整体的美观。另外，如果光源五颜六色，会让人眼花缭乱，有可能造成光源污染。要营造好的室内光环境，需要良好的策划：首先要明确照明设施的用途和目的；然后选择确定适当的照度。选择灯具时注意照明质量、光源和照明方式等等。

第一节　选好灯具 7 妙招

从外形和功能上来说，灯具主要可分为吊灯、天花灯、罩灯、射灯、日光灯和台灯等等。

在选择灯具的过程中，首先要注意灯具的安全性。很多质量不过关的灯具，隐患无穷，一旦发生火灾，后果不堪设想。因此，在选择灯具时不能一味地贪便宜，而要先看其质量，检查质保书、合格证是否齐全。

其次在灯饰选择上要注意风格一致。灯具的色彩、造型、式样，必须与室内装修和家具的风格相称，彼此呼应。在灯具色彩的选择上，除了须与室内色彩基调相配合之外，当然也可根据个人的喜爱选购。尤其是灯罩的色彩，对气氛起的作用很大。灯具的尺寸、类型和多少要与居室空间大小、总的面积、室内高度等条件相协调。

另外，由于现在灯具样式层出不穷，买灯饰之前，最好先了解一下灯饰的发展趋势。买灯具时还要仔细验货。灯饰以玻璃制品为主，属于易碎品，经过长途运输，难免会出现划痕或破损。由于灯饰一般都悬挂于家中显要位置，哪怕是微小的损伤都会影响使用效果。

行家出招

招式36 如何选择吊灯

吊灯一般有单头吊灯和多头吊灯两种。单头吊灯多适合于厨房和餐厅，而多头吊灯则多适合于客厅。如果客厅较大，宜选择大一些的多头吊灯，这样可使客厅显得通透，但不宜用全部向下配光的吊灯，而应使上部空间也有一定的亮度，以缩小上下空间亮度差别。高度较低、面积较小的客厅，可用吸顶灯加落地灯，这样客厅显得明快大方。具有时代感吊灯一般由五金、玻璃、电器等几部分组成。

选择吊灯时，要注意看它的五金表面是否有发黑、生锈、刮花、少漆、掉漆、漏漆、流漆、污垢等不良现象；整支灯搭配上是否有色差；五金部分有无变形。如果有上述这些情况要坚决舍弃。

在检查玻璃的时候，千万不要掉以轻心。一般如果玻璃美观，质量也有保证。玻璃一般从规格、圆滑度、重量、外观四个方面来检验。一般来说，玻璃的重量允许误差是0.05—0.1公斤，规格为0.3—0.5毫米，外观指酸蚀玻璃不能有透光，玻璃内不能含有杂质，表面不能有污垢、黑点。此外，玻璃要光滑，不能出现坯锋、粗糙不平的现象。如果用外螺纹灯头锁玻璃，一定要能锁紧，否则玻璃会掉下来砸伤人。

电器检查要分外细心，首先要看看电线是否有损伤，灯头是否变形、破裂、缺角，灯头舌片是否歪斜、松动，正负极是否接近，地线是否松动或断掉，出线处有没有加护线套，灯头是否拧紧，接线粒大小是否适度等。这些外观检查都完成后，就要利用检测设备，如万用表（检查导能性）、高压测试器（一般打高压为：2U＋1000，检查漏电和短路）、接地电阻测试仪（电阻值是否大于规定值）等进行深层次的检查。

尤其重要的，在选择吊灯的时候，一定要留意吊钩必须吊起吊灯的四倍重量才是安全的。

招式37 如何选择吸顶灯

吸顶灯是直接固定在顶棚上的灯具,向下投射直接光,属整体照明,光源以白炽灯和日光灯为主。吸顶灯由于占用空间少,光照均匀柔和,多用于门厅、走廊、厨房、卫生间及卧室。目前市场上的吸顶灯有玻璃、塑料、木制、钛金等多种材质,并有罩式、垂帘式等多种款式。

挑选吸顶时首先要注意安全性:吸顶灯的灯罩应选择不易损坏的材料和透光性好的材料。有小孩的家庭尤其要注意,孩子乱扔的玩具有时会打到灯罩上,玻璃碎下来恐防伤到小孩;因此最好不选玻璃罩的吸顶灯,此外,灯罩的材质要均匀,既要有较高的透光性,又不能显出发光的灯管。不均匀的材质会影响灯的亮度,损害视力。一些透光性差的灯罩虽然美观,却影响光线,不宜选择。灯管与整流器的质量直接关系到吸顶灯的使用寿命,质量差的灯管易出现发黑现象,影响灯的照明效果

卧室里要多配几种灯,吸顶灯、台灯、落地灯、床头灯等,应能随意调整、混合使用,以营造出温馨的气氛。可用壁灯、落地灯来代替室内中央的顶灯。壁灯宜用表面亮度低的漫射材料灯罩,这样可使卧室内显得光线柔和,利于休息;也可以在房间适当的位置装一盏悬挂式主灯,床头上装一壁灯,而这几盏灯要分别控制。厨房、卫生间和过道里一般使用吸顶灯,因为这些地方需要照明的亮度不大,且水汽大、灰尘多,用吸顶灯便于清洁,而且利于保护灯泡。厨房中灯具要安装在能避开蒸气和烟尘的地方,宜用玻璃或搪瓷灯罩,便于擦洗又耐腐蚀。盥洗间则应采用明亮柔和的灯具,同时灯具要具有防潮和不易生锈的功能。

招式38 如何选择射灯

射灯多用于制造效果,点缀气氛。颜色有纯白、米色、浅灰、金色、银色、黑色等色调;外形有长形、圆形,规格尺寸大小不一。因为造型玲珑小巧,非常具有装饰性。

射灯分低压、高压两种,最好选低压射灯,其寿命长一些,光效高一些。

射灯的光效高低以功率因数体现,功率因数越大光效越好,普通射灯的功率因数在0.5左右,价格便宜;优质射灯的功率因数能达到0.99,价格

稍贵。

射灯的品种主要有两种，分别是水晶灯和牛眼灯，牛眼灯可以转动角度，主要用在定向照明；水晶射灯主要是搭配玻璃镜面使用。一般装修中用到的射灯主要分为三种：石英射灯，格栅射灯，座式射灯。

石英射灯主要有灯架、变压器、灯杯这三部分组成。

变压器是选择射灯的重点，优质的变压器和灯杯才能搭配出亮度和效果好的射灯。首先要拆开变压器的外壳看里面电路板和线圈的大小，电路板大则元件的排列要稀一些，增强散热性。线圈的大小则决定了射灯的亮度和寿命，所以线圈的大小最重要。

灯杯的选购主要就是看灯丝，优质灯杯采用的是竖式结构，普通灯杯采用的是横式结构，另外就是灯杯的聚光性，因为射灯是做定向照明，所以聚光性很重要。这个可以通过两个灯杯来做对比。射灯的开孔以5CM和7CM为主，主要应用在电视墙和一些摆装饰品的地方，有些过道也可以用射灯。

格栅射灯有装射灯和节能灯两种，单头和双头用得较多，以双头为例，开孔尺寸为7.5cm * 15cm和10cm * 20cm两种。格栅射灯一般装在电视墙，过道和客厅全吊顶的时候采用。选购方法和石英射灯一样。

座式射灯用得不是很多，一般是客厅没有吊顶的情况下放在电视墙上面，还有就是有些放装饰画的地方可以采用。有轨道和座式两种安装方法。

餐厅的餐桌要求水平照度，故宜选用强烈向下直接照射的灯具或拉下式灯具，使其拉下高度在桌上方600毫米至700毫米的高度，灯具的位置一般在餐桌的正上方。灯罩宜用外表光洁的玻璃、塑料或金属材料，以便随时擦洗。也可用落地灯照明，在附近墙上还可适当配置暖色壁灯，这样会使宴请客人时气氛更热烈，并能增进食欲。

书房照明应以明亮、柔和为原则，选用白炽灯泡的台灯较为合适。写字台的台灯应适应工作性质和学习需要，宜选用带反射罩、下部开口的直射台灯，也就是工作台灯或书写台灯，台灯的光源常用白炽灯、荧光灯。书橱内可装设一盏小射灯，这种照明不但可帮助辨别书名，还可以保持温度，防止书籍潮湿腐烂。

招式39 如何挑选壁灯

壁灯是指装在墙壁和柱面上的灯具,多用于床头、梳妆台、走廊、门厅等的墙面或柱面上,通常与其他灯具配合使用。壁灯造型精致灵巧,光线柔和,不仅有良好的装饰作用,还可以丰富光照层次,补充室内灯光照度。

挑选壁灯应注意以下几点:选造型和材质:壁灯的灯罩材料有透明玻璃、压花玻璃或磨砂玻璃等,支架多为金属材料。灯罩的透明度要好,造型和花纹要与墙柱及室内装饰协调,支架应选择不易氧化和生锈的产品,外层镀色要均匀、饱满;选合适的光照度和规格:壁灯是一种辅助光源,要求光线柔和。因此光照度不易过大,一般家庭使用灯泡或灯管的瓦数不宜超过100W。规格要适宜,一般大房间可以安双头壁灯,小房间可安单头壁灯;空间大的可选厚型壁灯,空间窄小的可选薄型壁灯;要注意安全性。由于壁灯靠墙面较近,有的墙饰材料可能易燃,最好不要选择灯泡离墙面过近或无隔罩保护的壁灯。

招式40 如何挑选筒灯

买筒灯时,要知道自己家的开孔尺寸,最好是先买灯后开孔,如果木工已经开孔了,就只好按孔大小买灯。最好是买品牌信誉度好的,杂牌的价格很便宜,但做工很差,安全性也没有保障,筒灯安装在吊顶里,空间密闭,质量差的,会因为散热差导致出现安全问题。

筒灯的几个购成部份:面板,灯头,支架和反光杯。

面板的材质一般有以下几种:铁皮、压铸铝、铝材、不锈钢。

铁皮家装尽量少用,但是价格便宜,所以工装用得要多些,因为工装的翻修时间要快些。家装则至少在5年以上。所以家装推荐选用压铸铝,铝材或者不锈钢的。

压铸铝筒灯的颜色以扫沙镍为主,铝材筒灯的颜色要多样化些,主要有砂金,砂银,砂黑三种颜色,而不锈钢主要是本色。

再一个就是面板的厚度很重要,这决定一个筒灯的价格。

筒灯灯头是比较重要的一个环节,灯头的主要材质是陶瓷。里面的簧片是最重要的,有铜片和铝片两种,好的品牌采用的是铝片来做,并在接触点下安装有弹簧,可以加强接触性。另外就是灯头的电源线,好的品牌是采用三线接线灯头(三线即火线、零线、接地线),有的会带上接线端子,这个也是区分好品牌和普通品牌一个很基本的方法。

反光杯一般砂杯和光杯两种,材料为铝材,铝材不会变色,而且反光度要好些。有的小厂家会用塑料喷塑来做,这种工艺新的看起来很好,但过段时间就会变暗,甚至发黑。鉴别方法就是看切割处的齐整度,铝材的切割很整齐,喷塑则相反。

支架的重要性想对要差些,一般是黑色烤漆支架,这个主要看厚度,用点力捏一下,不会出现很严重的变形即可。

筒灯的选购相对简单一些,主要是三个方面:面板材质、灯头安全性、反光度。

筒灯分家装和工装两种,家装一般以2寸、2.5寸、3寸为主,过道可以装稍大一点的筒灯。工装一般用4寸—8寸这几种规格。

筒灯在家装的应用一般是客厅吊顶和过道可以采用,筒灯主要是用来做照明用。

招式41 如何选择浴霸

浴霸按取暖方式分灯泡红外线取暖浴霸和暖风机取暖浴霸,市场上主要是灯泡红外线取暖浴霸。按功能分有三合一浴霸和二合一浴霸。三合一浴霸有照明、取暖、排风功能;二合一浴霸只有照明、取暖功能。按安装方式分暗装浴霸、明装浴霸、壁挂式浴霸,暗装浴霸比较漂亮,明装浴霸直接装在顶上,一般不能采用暗装和明装浴霸的才选择壁挂式浴霸。正规厂家出的浴霸一般要通过“标准全检”的“冷热交变性能试验”,在4℃冰水下喷淋,经受瞬间冷热考验,再采用暖炮防爆玻璃,以确保沐浴中的绝对安全。

浴霸取暖是只要光线照到的地方就暖和,与房间大小关系不大,主要取决于浴霸的皮感温度。浴霸有2、3、4个灯泡的,一般有暖气的房间选择2、3个灯泡的,没有暖气的房间选择4个灯泡的。标准浴霸灯泡都是275瓦的,但低质灯泡的升温速度慢,且不能达到275瓦规定的温度。选择浴霸时,消费者可以站在距浴霸1米处,打开浴霸,感觉一下浴霸的升温速度和温度,升温速度快且温度高的相对好些。

招式42 如何选择节能灯

节能灯的正式名称是稀土三基色紧凑型荧光灯。20世纪70年代诞生于荷兰的飞利浦公司。这种光源在达到同样光能输出的前提下，只需耗费普通白炽灯用电量的1/5至1/4，从而可以节约大量的照明电能和费用，因此被称为节能灯。

判断一只节能灯是否安全，要拿在手中仔细观察6方面：灯头（铁或铜、铝）与塑件的结合是否紧；灯管与下壳的塑件结合是否牢靠；上壳塑件与下壳塑件卡位是否紧固，高温下是否能脱离；外壳塑件是否采用阻燃耐高温（180℃）材料；电子镇流器线路中的骨架、线路板有无采用阻燃材料；

好的节能灯产品，外壳都采用PBT阻燃耐高温材料，差的一般采用ABS塑料，这种塑料在正常温度90℃左右就开始变形，阻燃性也不好，很容易引起火灾。

好的节能灯产品平均寿命都大于5000小时，差的产品平均寿命在1000小时左右，有的甚至点亮20分钟就整批烧坏，寿命还不及一根蜡烛。

解剖一只节能灯，发现它由灯管和电子镇流器组成。灯管的寿命跟原材料、制造工艺、制造设备以及质量控制及保证体系有非常大的关系。

一个普通型节能灯的电子镇流器大约由30个元器件组成，如果其中一个元器件损坏，那么这个节能灯就不能点亮；如果一个电子镇流器的元器件非常好，但如果参数适配不好，电子镇流器的寿命也不会长；如果上面两项都做得很好，但如果工艺控制不好，质量管理控制不好，上面的功夫即使做得再好也是白费。所以说，别看小小一盏灯，生产线上的哪道工序都马虎不得。

光通量、光衰及光效，这是反映一个节能灯产品是否具备节能效果的三个指标。

一只好的节能灯，灯管采用高效三基色荧光粉，更好的会采用水涂粉镀膜工艺，光效达到每瓦50Lm（流明）以上，甚至60Lm（流明）以上。2000小时的光衰在10%～20%左右。

一只劣质节能灯，采用的是卤粉管。由于卤粉管采用卤磷酸荧光粉，采用有机涂粉工艺，由于相应的生产厂家的排气工艺、原材料、设备以及技术手段很落后，这样的灯管寿命不长。而且从一些国家标测机构的抽检来看，一只9W卤粉灯初始光通量仅为248Lm，100小时的光衰高达23%，国家标准规定，紧凑型节能灯2000小时的光通维持率不能低于78%，而一只优质的节能灯，初始光通量为560Lm，到5000小时，仍保持光通量为431Lm。

色容差、显色指数以及整批产品的色温的一致性。这是反应节能灯灯管的光参数的重要指标。从中可看出厂家三基色荧光粉的纯度。国家标准规定三基色荧光灯6400K色温的节能灯显色指数要大于78，色容差要小于6。2700K色温的节能灯显色指数要大于80，色容差小于6。好的节能灯产品能达到这一水平。比较差的节能灯由于采用的荧光粉既差，工艺又不一致，所以它生产出来的节能灯色容差大于15，显色指数小于50，这对于一些营业性照明很难达到要求，特别在一些大量采用节能灯的场合，由于它的显色指数低，色温的一致性又差，看上去让人花眼。

因此，我们在选购时应注意8个问题：

①产品包装完整，标识齐全是产品选择的第一要素。②注意钨丝灯泡功率，大部分厂商会在包装上列出产品本身的功率及对照的光度相类似的钨丝灯泡功率。③能效标签。目前国家对节能灯具出台能效标准，达到标准的有能效标签，平均寿命超过8000小时以上的节能灯产品才能获得能效标签。④高品质节能灯具有暖光设计和高超的显色技术，让光色悦目舒适。用户可按照个人喜好选择与家居设计相配的灯光颜色。⑤选购节能灯时，要考虑电子整流器的技术参数，因为整流器是照明产品中的核心组件。⑥灯具装饰花样繁多，在选择整灯时，应注意塑料壳，最好选择耐高温阻燃的塑料壳。⑦选择到称心如意的节能灯具后，不要急着付款，一般店铺都会提供灯座给消费者测试灯管，付款前应先试一试，确保节能灯工作正常。⑧灯管在通电后，还应该注意，荧光粉涂层厚薄是否均匀。

第二节　灯具安装3招

工程中使用的灯具规格型号较多，包括荧光灯、疏散指示灯、出口指示灯、标志牌、灯箱等。根据灯具的形式及安装部位的不同，灯具的安装方式共分为以下几种：嵌入式安装、吸顶安装、嵌墙安装、悬挂式安装等。

灯具安装流程：施工准备→检查灯具→灯具支吊架制作安装→灯具安装→通电试亮

招式43 如何安装吊灯

安装吊灯前要注意吊钩牢固性,吊钩要能承载吊灯6倍以上的重量。如果在施工过程中预埋的吊钩太小或不牢固,都可能诱发吊灯脱落事件。

安装吊灯时主要考虑吊灯预埋件和过渡件的连接。先在结构层中预埋铁件或木砖。埋设位置应准确,并应有足够的调整余地。在铁件和木砖上设过渡连接件,以便调整理件误差,可与理件钉、焊、拧穿。最后是吊杆、吊索与过渡连接件连接。

安装时如有多个吊灯,应注意它们的位置、长短关系,可在安装顶棚的同时安装吊灯,这样可以以吊顶搁栅为依据,调整灯的位置和高低。

吊杆出顶棚面可用直接出法和加套管的方法。加套管的做法有利于安装,可保证顶棚面板完整,仅在需要出管的位置钻孔即可。直接出顶棚的吊杯,安装时板面钻孔不易找正。有时吊灯可能采用先安装吊杆再截断面板挖孔安装的方法,但对装饰效果有影响。

吊杆应有一定长度的螺纹,以备调节高低用。吊索吊杆下面悬吊灯箱,应注意连接的可靠性。

卧室床位顶上不适宜装吊灯,最好安装吸顶灯。客厅的吊灯在选购时,其重量最好在20公斤以内,不适宜太重。如有超重,必须使用加长的膨胀螺栓固定吊灯的基座。其次,在选购灯具时尽可能选择光线柔和的,卫生间的灯具一定要防潮的要求,以免造成灯具受潮短路。

招式44 如何安装天花灯

天花灯俗称牛眼灯,按照光源和安装方式不同可分为石英天花灯,嵌入式天花灯或嵌入式石英天花灯,一般用于重点照明和点缀照明。

根据相关国际标准,天花板温度上限为90℃,但测试发现,大部分"吸顶"灯饰会导致天花板温度大幅升高超过标准上限,2个样本更超过200℃。灯饰附近的假天花、墙纸、木材或夹板如属可燃物料,再加上错误使用了高瓦数灯胆,在长时间开着引至高温,而又无人看管的情况下,不排除有意外着火的可能。过热亦可能会令灯饰损坏,导致短路、漏电或灯泡爆裂。石英灯管比普通钨丝灯泡光及热,容易影响周围的温度。石英灯管若破裂会射出碎片,故此必须确保玻璃保护罩完整无缺。部分样本的接地装置构造不完善,增加了潜在触电危险。接地一端金属壳上的油漆过厚,或未在螺丝加上锁紧垫圈,可能影响灯饰的接地效能。多灯罩的灯饰枝节较多,支撑点松了会令接地效能降低,影响防触电保护。其他安全问题包括:电线绝缘保护不足、接电源线方法不当和保护不足,灯罩外壳易碎或可能松脱。以上种种原因都会增加灯罩出现漏电和意外跌下的可能性。

目前市场上,有一种新型安装结构的天花灯,包括灯体、固定座、固定翅、固定块、固定螺丝、销钉,当天花灯体嵌入天花板后,通过旋紧外露的固定螺丝,将嵌入的固定翅拉下来,把灯具夹固在天花板上;区别于普通天花灯的卡簧安装,本发明的安装和拆卸,必须用螺丝刀进行,具有很好的牢固性,解决了普通天花灯在高温、腐蚀及震动条件下,弹簧失效,灯体脱落的问题,尤其适用于防火天花灯。

招式45 如何进行通电试亮

在装灯具时,如果装上分控开关,可以省去很多烦恼。因为如果只有一个总开关,几盏灯同开同闭,就不能选择光线的明暗,也会浪费电能,而装上分控开关可以随时根据需要选择开几盏灯。如果房屋进门处有过道,在过道的末端最好也装一个开关,这样进门后就能直接关掉电源。

灯具安装完毕且各条支路的绝缘电阻摇测合格后,方能进行通电试亮工作,通电后应仔细检查和巡视,检查灯具的控制是否灵活、准确;开关与灯具控制顺序是否相对应,如发现问题必须先断电,然后查找原因进行修复。通电运行24小时无异常现象,即可进行竣工验收。

第三节 开关插座选购2招

开关掌控着家中各个生活空间灯具的开启与闭合,插座保证了家用电器稳定安全的电源连接,在一个装修考究的家里,选用上好的开关和插座还能成为家居环境的点睛之笔。

招式46 如何选择开关

在选择开关插座时，最重要的就是要安全性能好的，从下面八个方面着手，可以让你成为选择开关的专家。

第一：材料。优质开关的面板所使用的材料，在阻燃性、绝缘性、抗冲击性和防潮性等方面都十分出色，材质稳定性强，不易变色。现在的开关面板除了采用高级塑料之外，也有镀金、不锈钢、铜等金属材质，为人们提供了越来越多的选择。

第二：外观。表面光洁平滑、色彩均匀，有质感的，一般是好产品。此外，面板上的品牌标识应该清晰、饱满，表面不能有任何毛刺。

第三：内部构造。开关通常采用纯银触点和用银铜复合材料做导电桥，这样可防止开关启闭时电弧引起氧化。优质面板的导电桥采用银镍铜复合材料，银材料的导电性优良，而银镍合金抑制电弧的能力非常强，这样就保证了开关可开闭 8 万次以上，远远超过了国际规定的 4 万次的标准。采用黄铜螺钉压线的开关，接触面大，压线能力强，接线稳定可靠。而如果是单孔接线铜柱，接线容量大，不受导线粗细的限制，十分方便。

第四：手感。试试开关，好的开关弹簧软硬适中，弹性极好，开和关的转折比较有力度。不会发生开关按钮停在中间某个位置的状况而成为严重的火灾隐患。还可掂一掂开关，优质的产品因为大量使用了铜银金属，不会有轻飘的感觉。

第五：制作工艺。开关经常被触摸，尤其是彩色开关面板，如果选用的是不合格的劣质产品，时间久了，就会老化褪色。如果选择那些使用了具有抗紫外线性能的材料，并且对边框进行喷涂烤膜工艺处理的开关，即使使用较长时间，颜色也不会发生丝毫变化。

第六：人性化设计。好的开关面板上都有夜间指示灯，即便是最传统的荧光涂料夜间指示方式，也从单一的绿色荧光发展到多种颜色。电源发光是另一种夜间指示方式，目前更多的是用 LED 灯代替氖光灯，以保证更长的寿命，更低的发热率，更柔和的光线。有些开关采用网格结构面板和加厚安装孔，可以有效避免安装面板时用力过大导致其变形。一些高档的产品还采用了透明底座，以便于自己或电工观察产品的内部结构。有的面板会预留 6 – 8 个（上下左右及四角）固定安装孔，适合多种情况下的安装需要。

第七:包装与说明书。品牌产品非常注重消费者的满意度,因此在产品包装和说明书上下的功夫是不合格的杂牌产品所无法比拟的,进口品牌一定要配有中文说明书。对于产品品名、品牌、技术指标等标注得十分清楚,从安装到安全注意事项也一应俱全。这些都是选择开关时需要注意的。

第八:安全认证。合格的开关产品一定是获得国家认证和符合国际行业标准的。国产产品要通过3C认证、ISO9000系列认证,一些国际品牌还获得了其他国家和国际性的安全认证,这些会通过标识标注在产品本身、包装或说明书中。

招式47 如何选择插座

插座虽小却关系到电器设备、人身和财产安全。

选插座看厂家很重要。一定要选择正规厂家的产品(产品包装上要有详细的厂家地址、电话、产品规格型号齐全以及相关的警示标语等)。要选择有CCC(俗称3C)认证的插座:购买插座时一定要看插头、电线和面板上是否有CCC标志,没有标志的一定不要购买。

其次,要看保护门。市场上大多数品牌的插座都有保护门,不过好的插座保护门单捅一个眼应该是捅不开的,只有两个孔一起进才能顶开保护门。这样设置主要是为了避免儿童顽皮用钥匙、螺丝刀等金属物件插插座玩时触电。

其次看铜件用料。如果通过插孔看到是明黄色的,那直接放弃吧。黄铜容易生锈,质地偏软,时间一长接触、导电性能都会下降。如果铜片颜色是紫红色就比较好,紫铜比较韧,不容易生锈。如果能拆开看更好,因为很多插座都是插孔这里用紫铜,里面都用黄铜,同样容易生锈。一些好的品牌会采用进口的铜材,很光亮,导电性能明显要好。

开关插座虽小,但关系到生命财产的安全。选择开关插座固然要谨慎,但是使用过程中也一定要注意,应根据电器功率选择相应的插头插座,功率较大的两种家用电器不要插在同一个插座上;好的插头插入插座后应接触良好,没有松动感觉,并且不要太费力即可拔出;同时,不要将功率较大的家用电器插在额定电流值小的插座上;当插头与墙壁插座的规格、尺寸不对应时,不要人为改变插头尺寸或形状;电源线或插头损坏需要更换时,应请专业人员进行更换；发现插座温度过高或出现拉弧、打火，插头与插座接触不良、插头插入过松或过紧时，应及时停止使用并更换。卫生间应选用防水型开关，确保人身安全。

第四节　安装开关插座 4 式

在各种管路、盒子已经敷设完毕，盒子收口平整；线路的导线已穿完，并已做完绝缘摇测；墙面的浆活、油漆及壁纸等内装修工作均已完成的情况下，可以开始安装开关插座。

操作工艺流程为：清理→结线→安装。

招式 48　如何进行清理

在作业之前，必须准备好各种材料：符合设计要求并有产品合格证的各类型开关、插座；具有足够的强度的，平整，无弯翘变形，并有产品合格证的塑料（台）板；木制（台）板的厚度应符合设计要求和施工验收规范的规定。其板面应平整，无劈裂和弯翘变形现象，油漆层完好无脱落。此外，还必须准备金属膨胀螺栓、塑料胀管、镀锌木螺丝、镀锌机螺丝、木砖等。需要用的工具有 红铅笔、卷尺、水平尺、线坠、绝缘手套、工具袋、高凳等；手锤、錾子、剥线钳、尖嘴钳、扎锥、丝锥、套管、电钻、电锤、钻头、射钉枪等。

确认各种管路、盒子已经敷设完毕。盒子收口平整。线路的导线已穿完，并已做完绝缘摇测。墙面的浆活、油漆及壁纸等内装修工作均已完成。

然后用錾子轻轻地将盒子内残存的灰块剔掉，同时将其它杂物一并清出盒外，再用湿布将盒内灰尘擦净。

招式 49　如何进行接线

同一场所的开关切断位置一致，且操作灵活，接点接触可靠。电器、灯具的相线应经开关控制。多联开关不允许拱头连接，应采用 LC 型压接帽压接总头后，再进行分支连接。交、直流或不同电压的插座安装在同一场所时，应有明显区别。插座箱多个插座导线连接时,不允许拱头连接,应采用LC型压接帽压接总头后,再进行分支线连接。

工作前,先将盒内甩出的导线留出维修长度,削出线芯,注意不要碰伤线芯。将导线按顺时针方向盘绕在开关,插座对应的接线柱上,然后旋紧压头。如果是独芯导线,也可将线芯直接插入接线孔内,再用顶丝将其压紧。注意线芯不得外露。

招式50 如何进行开关、插座安装

1）暗装开关、插座:

按接线要求,将盒内甩出的导线与开关、插座的面板连接好,将开关或插座推入盒内(如果盒子较深,大于2.5m时,应加装套盒),对正盒眼,用机螺丝固定牢固。固定时要使面板端正,并与墙面平齐。

2)明装开关、插座:

先将从盒内甩出的导线由塑料(木)台的出线孔中穿出,再将塑料(木)台紧贴于墙面用螺丝固定在盒子或木砖上,如果是明配线,木台上的隐线槽应先右对导线方向,再用螺丝固定牢固。塑料(木)台固定后,将甩出的相线、中性线、保护地线按各自的位置从开关、插座的线孔中穿出,按接线要求将导线压牢。然后将开关或插座贴于塑料(木)台上,对中找正,用木螺丝固定牢。最后再把开关、插座的盖板上好。

开关、插座安装在木结构内,应注意做好防火处理。

插座连接的保护接地线措施及相线与中性线的连接导线位置必须符合施工验收规范有关规定。插座使用的漏电开关动作应灵敏可靠。插座的高度差允许为0.5mm。同一场所的高度差为5mm。面板的垂直允许偏差0.5mm。

招式51 如何保护安装好的开关

安装开关、插座时不得碰坏墙面,要保持墙面的清洁。

开关、插座安装完毕后,不得再次进行喷浆,以保持面板的清洁。

其它工种在施工时,不要碰坏和碰歪开关、插座。

开关、插座的面板不平整,与建筑物表面之间有缝隙,应调整面板后再拧紧固定螺丝,使其紧贴建筑物表面。

开关未断相线,插座的相线、零线及地线压接混乱,应按要求进行改正。

多灯房间开关与控制灯具顺序不对应,在接线时应仔细分清各路灯具的导线,依次压接,并保证开关方向一致。

固定面板的螺丝不统一(有一字和十字螺丝)。为了美观,应选用统一的螺丝。

同一房间的开关、插座的安装高度差超出允许偏差范围,应及时更正。

开关、插座面板已经上好,但盒子过深(大于2.5cm),未加套盒处理,应及时补上。

开关、插销箱内拱头接线,应改为鸡爪接导线总头,再分支导线接各开关或插座端头。或者采用LC安全型压线帽压接总头后,再分支进行导线连接。

温馨提示

1、房屋装璜中电气装修应注意什么?

答:随着时代的发展,我们对家居装设的要求越来越高。但是我们在追求美观实用的同时,也一定要注意电气装修的安全。

在装修时,在住宅的进线处,一定要加装带有过流保护、过压保护、漏电保护的三保护开关的配电箱。因为有了漏电开关,一旦家中发生漏电现象,如电 器外壳带电,人身触电等,漏电开关会跳闸,从而保证人身安全。

室内布线时,应将插座回路和照明回路分开布线,插座回路应采用截面不小于2.5平方毫米的单股绝缘铜线,照明回路应采用截面不小于1.5平方毫米的单股绝缘铜线,一般可使用塑料护套线。

具体布线时,所采用的塑料护套或其他绝缘导线不得直接埋在水泥或石灰粉刷层内因为直接埋墙内的导线,已“死”在墙内,抽不出,拔不动。一旦某段线路发生损坏需要调换,只能凿开墙面重新布线,而换线时,中间还不能有接头,因为接头直接埋在墙内,随着时间的推移,接头处的绝缘胶布会老化,长期埋在墙内就会 造成漏电。另外,大多数家庭的布线不会按图施工,也不会保存准确的布线图纸档案,当在家中墙上打个木枕,钉个钉子时,不留意就可能将直接埋在墙内的导线损坏,甚至钉子钉穿了导线造成相、中线短路,轻者爆断熔丝,重者短路时产生的电火花灼伤钉钉子的人,甚至引起火灾。如果钉子只钉在相线上,钉子带电,人又站在地上,就很可能发生触电伤亡事故。所以,应该穿管埋设。。

2、居家如何正确用插座?

答:毫无疑问,如果我们对插座的认识度不高的话,会极大地影响我们居家生活的质量。为此,了解了关于插座使用的一些日常知识,更好更安全地使用插座非常有必要。在居家生活中,插座的使用主要是要满足方便和安全两个要求,具体来说要注意以下几点:

第一、固定插座的数量有严格的设计标准:随着人们生活水平的提高,家用电器数量急剧增加,大家在购买新居时,一定要对室内的固定插座数量进行检查,如果固定插座数量不够,往往只能采用移动插座,从一个固定插座中引出数个移动插座进行串联,这最好选择高承载插座,以保障线路安全。66.2%的被访者不知道国家对于住宅中的固定插座数量有严格的设计标准。

第二、大家在选购时一定要选择通过国家质量监督的插座产品。另外,有小孩的家庭,一定要选择有插孔保护的插座。

第三、插座必须要定期检查维护。在日常生活中,我们极少人会定期对家中的电器使用状况进行检查和维护。专家提示,插座产品随着使用时间的增加,许多安全性能会有所下降,所以在一般情况下,两个月左右应对插座进行一次定期检查和维护。

第四、插座防雷非常重要。插座是家电防雷的最后一道屏障,在选择插座时,一定要检查该产品是否包含防雷元件,具备真正的防雷功能。万一发生意外,也不至于烧坏家用电器。

3、电冰箱、彩电为什么不能用同一插座?

多用电源插孔多,使用方便、经济,许多家庭都喜欢用它。许多家庭用电冰箱、彩电插在一个多用插座上,这样做有许多人们意想不到的危害。因为电冰箱和彩电的启动电流都很大,电冰箱启动电流为额定电流的5倍,彩电的启动电流达额定电流的7-10倍。如电冰箱、彩电同时启动,插座接点、引线均难以承受,就会互相影响,产生意想不到的危害。同时,对彩电来说,在电冰箱启动和运转时会产生电磁波,也因电冰箱、电视相距甚近而受到干扰,使彩电图像不稳,出现噪音等。所以,为避免以上弊端发生,避免互相干扰,电冰箱和彩电的电源插头不要插在同一多用插座上。

第六章 电工应急救火10招

diangongyingjijiuhuoshizhao

招式52:电气设备发生火灾,首先要切断电源

招式53:如何进行发电机和电动机的火灾扑救

招式54:如何进行变压器和油断路器的火灾扑救

招式55:如何进行变、配电设备的火灾扑救

招式56:如何进行封闭式电烘干箱内被烘干物质燃烧时的扑救

招式57:带电灭火有讲究

招式58:当机立断切断电源

招式59:判定触电人有无意识

招式60:判定触电人有无呼吸

招式61:心肺复苏法抢救伤者

电是无牙老虎，对电工而言，了解安全用电的知识十分重要，因为稍不注意，可能会导致触电事故，严重的可能会触电身亡。

所以，安全第一的原则电工时刻要记牢。此外，了解一下触电事故发生的原因也非常有必要。最常见的是电气设备安装不合理，存在装置性违章现象，或使用有缺陷的电气设备。如导线间的交叉跨越距离不符合规程要求，无保护性的地线或地线质量不良；导线与建筑物的水平或垂直距离不够；拉线不加装绝缘子；用电设备的接地不良造成漏电；电灯开关未控制火线及临时用电不规范等。

其次，如果使用者缺乏安全用电意识，对用电知识把握少，也很容易导致触电事故的发生。如在带电修开关，带电安装灯泡、线路下盖房、触及带电的破旧电线，触及未接地的电气设备及裸露线、开头、保险也会造成触电事故。

对电工而言，如果不不遵守安全工作制度，在检修用电设备时，违反规程，不办理工作票、操作票，擅自拉合刀闸；在没有确认现场情况下，用电话通知、约时停送电；在工作现场和配电室不验电、不装设接地线、不挂标示牌的行为，也是造成触电事故发生主因。

当然，对电气设备维护不及时，设备带病运行，如触电保护器失灵，强行送电；绝缘电线破皮露芯；电机受潮，绝缘值降低，致使外壳带电；电杆严重龟裂，导线老化松弛，缺少电气危险警告标志等，都是导致触电事故的诱因。

行家出招

第一节　电气火灾扑救6招

电气火灾会导致财物损失、人员伤亡。防患于未然，在讨论电气火灾扑救之前，我们如果先做好预防工作，就能减少电气设备触电事故的发生率。

电气火灾一般有两个特点：一个是着火后电气设备可能是带电的，如不注意可能引起触电事故；另一个是有些电气设备本身充有大量的油，可能发生喷油甚至爆炸事故。

预防电气装置发生火灾、爆炸事故，首先要根据周围环境和生产性质，选用合适的电气装置；电气装置运行时，要注意千万不得超负荷运行；电气装置的安全与检修经常进行,保障电气设备的良好运行。在电气装置附近,如果存放易燃、易爆物品,就很容易引起火灾。

当这一切都做足之后,还要留意电气设备是否有保护接地、保护接零、重复接地和工作接地。这四点非常重要。

保护接地就是将电气设备的外壳或架构用金属线与地可靠连接。接地保护是预防电气火灾非常重要的一步。

将中性线和电气设备的外壳连接就形成了保护接零。在采取保护接零时,不能犯以下的错误:(1)、在同一电源上把一部分用电设备接零,另一部分接地;(2)在中性点绝缘(不接地)的系统中,采用保护接零,特别是家用电气设备,采用接零代替接地;(3)采用保护接零时,接零导线必须连接不牢固,并且在中性线上装熔断器和单独的开关设备,中性线阻抗太大。

采取保护接零时,除系统的中性点接地外,还必须在中性线上一处或多处进行接地,这就是重复接地。

在某些特定的时候把供电系统中某一点进行接地,目的是为了保证电气设备的可靠运行,这种接地称工作接地。工作接地能保证系统的安全,稳定系统的电位。当系统发生单相接地故障时,能限制非故障相的电压升高,避免用电设备遭到损坏。

当这一切都已经做好,但还是发生火灾怎么办?

招式52 电气设备发生火灾,首先要切断电源。

电气火灾与其他火灾相比有以下两个特点:一是着火后电气装置或设备可能仍然带电,而且因电气绝缘损坏或带电导线断落接地,在一定范围内会存在跨步电压和接触电压,如果不注意,可能引起触电事故;二是有些电气设备内部充有大量油(如电力变压器、电压互感器等),着火后受热,油箱内部压力增大,可能会发生喷油甚至爆炸,造成火灾蔓延。

当电气装置或设备发生火灾或引燃附近可燃物时,首先要切断电源。室外高压线路或杆上配电变压器起火时,应立即打电话与供电企业联系切断电源;室内电气装置或设备发生火灾时,应尽快拉掉开关切断电源,并及时选用灭火器进行扑救。

如果要切断整个车间或整个建筑物的电源时,可在变电所、配电室断开主开关。在自动空气开关或油断路器等主开关没有断开前,不要轻易去拉隔离开关,因为这时隔离开关或许会带上电弧,随便去拉它很容易触电。

切断电源时,要先用电动机的控制开关切断电动机回路的负荷电流,停止各个电动机的运转,然后再用总开关切断配电盘的总电源。

切断用磁力起动器控制的电动机电源的方法是:先用接钮开关停电,再断开闸刀开关。这样就能防止带负荷操作产生电弧伤人。用闸刀开关切断电源时,由于闸刀开关在发生火灾时受潮或烟熏,其绝缘强度会降低,切断电源时,最好用绝缘的工具操作。

当切断各种电气开关的电源比较困难时,要在上一级变配电所切断电源。有时需要采取剪断电气线路的方法来切断电源。如需剪断对地电压在250伏以下的线路时,首先选择合适的地点,剪断的位置要在电源方面即来电方向的支持物附近,然后戴绝缘靴和绝缘手套,用断电剪将电线剪断。对三相线路的非同相电线应在不同部位剪断。在剪断扭缠在一起的合股线时,要防止两股以上合剪,否则造成短路事故。

电容器和电缆在切断电源后,仍可能有残余电压,因此,即使可以确定电容器或电缆已经切断电源,但是为了安全起见,仍不能直接接触或搬动电缆和电容器,以防发生触电事故。

招式53 如何进行发电机和电动机的火灾扑救

近年来,由于电动机在选型、使用、管理等方面存在缺陷而引起的火灾事故屡有发生,引起电动机火灾的主要原因有:选择使用不当或维修保养不够,造成电动机相间、匝间短路或接地,断相过载运行;连接线圈的接触点接触不良,铁损过大;电源电压过高或过低,接线方法错误;电源频率过低;轴承磨损,转子扫镗,线圈匝间开焊及短路开环、开路运行等。

发电机和电动机等电气设备绝缘材料比较少,而且有比较坚固的外壳,如果扑救及时,就可防止火灾扩大蔓延。如果可燃物质数量比较少,就可用二氧化碳、1211等灭火器扑救。大型旋转电机燃烧猛烈时,用水蒸汽和喷雾水扑救比用二氧化碳好得多。发电机和电动机都属于旋转电机,对着火电机的扑救有一个共同的特点,就是不要用砂土扑救,以防硬性杂质落人电机内,使电机的绝缘和轴承等受到损坏而造成严重后果。

招式54 如何进行变压器和油断路器的火灾扑救

变压器是利用电磁感应原理,把交流电能转变为不同电压、电流等参数的另一种电能的设备。它内部的绝缘衬垫和支架,大多采用纸、棉纱、布、木材等有机可燃物质,并有大量的绝缘油,它的火灾危险性在于易燃烧,变压器内部一旦发生严重过载、短路,可燃的绝缘材料和绝缘油就会受高温或电弧作用,分解燃烧,并产生大量气体,使变压器内部的压力急剧增加,造成外壳爆裂,大量喷油,燃烧的油流又进一步扩大了火灾危害,并造成大面积停电,影响正常的生产和生活。运行中的变压器发生火灾和爆炸的原因有以下几个方面:绝缘损坏、导线接触不良、负载短路、接地不良和雷击过电压等。

油断路器是用来切断和接通电源,并在短路时能迅速可靠地切断电流的一种高压开关设备。多油断路器都要充油,其作用是灭弧、散热和绝缘。它的危险性不仅是在发生故障时可能引起爆炸,而且爆炸后由于油断路器内的高温油发生喷溅,形成大面积的燃烧,引起相间短路或对地短路,破坏电力系统的正常运行,使事故扩大,甚至造成严重的人身伤亡事故。油断路器的爆炸燃烧原因有以下几个方面:

1)油面过低油断路器触点至油面的油层过薄;

2)油箱内的油面过高析出的气体在油箱内得不到空间缓冲,形成过高的压力;

3)油的绝缘强度劣化杂质或水分过多,引起油断路器内部闪络。

4)操作机构调整不当部件失灵,会使操作时动作缓慢或合闸后接触不良。

5)当遮断容量小于系统的短路容量时,断路器无能力切断系统强大的短路电流,致使断路器燃烧爆炸,造成输配电系统的重大事故。

6)其他油断路器的进、出线都通过绝缘套管,当绝缘套管与油箱盖、油箱盖与油箱体密封不严时,油箱进水受潮,或油箱不洁,绝缘套管有机械损伤都可造成对地短路引起爆炸或火灾事故。

变压器和油断路器等充油电气设备发生燃烧时,有三种处理方法:

1)油箱没有破损,用干粉、1211、二氧化碳灭火器等进行扑救比较有效。

2)油箱破裂,大量变压器的油燃烧,切断电源后可用喷雾水或泡沫扑救。

流散的油火，可用喷雾水或泡沫扑救。流散的油量不多时，也可用砂土压埋。

招式55 如何进行变、配电设备的火灾扑救

变、配电设备，有许多瓷质，最好使用喷雾水灭火器，原因之一是它有不少绝缘套管，这些套管在高温状态遇急冷或不均匀冷却时，容易爆裂而损坏设备，可能会造成火势进一步扩大蔓延。所以灭火时要注意均匀冷却设备。

招式56 如何进行封闭式电烘干箱内被烘干物质燃烧时的扑救

封闭式电烘干箱的扑救要注意它的特点。电烘干箱被切断电源后，内部的空气不足，会导致燃烧不能继续而温度下降，燃烧会逐渐熄灭。因此，发现电烘箱冒烟时，立即切断烘干箱的电源是非常明智的做法，但要注意的是不要随即打开烘干箱。如果进入空气，反而会使电烘干箱内的火势越来越大。如果往烘干箱内泼水的话，会使电炉丝、隔热板等遭受损坏而造成不应有的损失。

车间内的大型电烘干室内发生燃烧时，要马上切断电源。如果可燃物质的数量比较多，而且火势有蔓延扩大的危险时，当机立断采用喷雾水枪或直流水枪扑救，无论如何，不要轻易打开烘干室的门，以防火势扩大。

招式57 带电灭火有讲究

电气发生火灾后燃烧蔓延迅速、扑救难度大。条件允许的情况下，一般应采用断电灭火的方法，但在实际的灭火战斗中，常因等待断电而失去最佳的灭火时机，或因停电而严重影响了生产，若采取有效的带电灭火方法，可迅速有效地控制火势，扑灭火灾，减少灾害损失。

由于水、泡沫等灭火剂是导电体，在扑救带电火灾时，容易造成灭火人员触电，因此，需要运用不导电的灭火剂灭火。火场上常采用的不导电灭火剂有：干粉、二氧化碳、四氯化碳、1211灭火剂。带电灭火必须在确保安全的前提下进行，导电的灭火剂如直射水流、泡沫等喷射有可能导致触电事故的发

生。在使用不导电灭火器时,由于其射程较近,要注意保持一定的安全距离。

如果灭火人员在做好保护措施的情况下,如穿戴绝缘手套和绝缘靴、水枪喷嘴安装接地线时,就可以采用喷雾水灭火。如遇带电导线落于地面,则要防止跨步电压触电,扑救人员需要进入灭火时,必须穿上绝缘鞋。扑救可能产生有毒气体的火灾(如电缆着火)时,扑救人员应使用正压式消防空气呼吸器。

触电事故的发生很有规律,有明显的季节性:一般每年以二、三季度事故较多,六至九月最集中。因为夏秋两季天气潮湿、多雨,降低了电气设备的绝缘性能;人体多汗皮肤电阻降低,容易导电;天气炎热,电扇用电或临时线路增多,且操作人员不穿戴工作服和绝缘护具;正值农忙季节,农村用电量和用电场所增加,触电机率增多。

低压设备多、电网广,与人接触机会多是导致低压触电多于高压触电的原因之一;加上低压设备简陋而且管理不严,思想麻痹,多数群众缺乏电气安全知识。农村触电事故多于城市,主要是由于农村用电条件差,设备简陋,技术水平低,管理不严。

单相触电事故多,占70%以上。事故点多在电气联结部位。事故由两个以上因素构成:统计表明90%以上的事故是由两个以上原因引起的。

第二节 电工遇触电急救4招

触电是泛指人体触及带电体。触电时电流会对人体造成各种不同程度的伤害。触电事故分为两类:一类叫“电击”;另一类叫“电伤”。

日常所说的触电事故,基本上多指电击而言。电流通过人体时所造成的内部伤害,会破坏人的心脏、呼吸及神经系统的正常工作,甚至危及生命。在低压系统通电电流不大且时间不长的情况下,电流引导起人的心室颤动,是电击致死的主要原因;在通过电流虽较小,但时间较长情况下,电流会造成人体窒息而导致死亡。绝大部分触电死亡事故都是电击造成的。

电击可分为直接电击与间接电击两种。直接电击是指人体直接触及正常运行的带电体所发生的电击;间接电击则是指电气设备发生故障后,人体触及该意外带电部分所发生的电击。直接电击多数发生在误触相线、刀闸或其它设备带电部分。间接电击大都发生在大风刮断架空线或接户线后,搭落在金属物或广播线上，相线和电杆拉线搭连，电动机等用电设备的线圈绝缘损坏而引起外壳带电等情况下。

防止触电安全措施必须坚持“三到位”原则，即思想到位、行动到位、措施到位。

电业职工要牢固树立安全第一的思想，严格执行各类规程，杜绝各种违章，加强学习和培训，定期组织干部职工参加业务技能考试，对安全工作立章建制，建立健全组织措施和完善各种技术措施。

电业职工在检修用电设备时，一定遵循《电业安全工作规程》，对10KV及以上设备检修时，必须采取保证安全的组织措施。即：执行工作票制度、工作许可制度、工作间断制度、工作终结和恢复送电制度；必须采取保证安全的技术措施。即：停电、验电、装设接地线、悬挂标示牌和装设遮栏。

对广大群众进行宣传和教育，电力部门要深入到乡村，利用传播、电视、报纸、宣传车及发放宣传画等形式，广泛宣传安全用电常识，使安全用电人人皆知，家喻户晓。

组织电业职工进行反事故演习和事故预想，提高处理突发事故的应变能力，定期开展安全活动，对安全情况进行分析。

对临时用电应达到安全要求，对移动用电要经常检查电线、插头、插座、外壳接地等。对使用的行灯必须保证安全电压36V以下，禁止使用220V照明灯作为行灯。提倡安装一、二、三级保护器，并达到“三率”要求。同时，加强设备治理，提高设备的健康水平，定期对绝缘工器具进行校验和轮换；尽量避免和减少各种违章，倡导和叫响“以零违章、确保零事故”为旋律，经常开展安全大普查；推广购买合格产品，由专职电工进行安装等。

招式58 当机立断切断电源

当发生电击电伤事故时，用不导电物体如干燥的木棍、竹棒或干布等物使伤员尽快脱离电源。急救者切勿直接接触触电伤员，防止自身触电而影响抢救工作的进行。当伤员脱离电源后，要立即进行下一步的伤员全身情况检查，特别是呼吸和心跳，发现呼吸、心跳停止时，应立即就地抢救。

触电轻症：即神志清醒，呼吸心跳均自主者，伤员就地平卧，严密观察，暂时不要站立或走动，防止继发休克或心衰。

招式59 判定触电人有无意识

救护人轻拍或轻摇触电人的肩膀(注意不要用力过猛或摇头部,以免加重可能存在的外伤),并在耳旁大声呼叫。如无反应,立即用手指掐压人中穴。当呼之不应,刺激也毫无反应时,可判定为意识已丧失。

当触电人意识已丧失时,应立即呼救。将触电人仰卧在坚实的平面上,头部放平,颈部不能高于胸部,双臂平放在驱干两侧,解开紧身上衣,松开裤带,取出假牙,清除口腔中的异物。若触电人面部朝下,应将头、肩、驱干作为一个整体同时翻转,不能扭曲,以免加重颈部可能存在的伤情。翻转方法是:救护人跪在触电人肩旁,先把触电人的两只手举过头,拉直两腿,把一条腿放在另一条腿上。然后一只手托住触电人的颈部,一只手扶住触电人的肩部,全身同时翻转。

招式60 判定触电人有无呼吸

在保持气道开放的情况下,判定有无呼吸的方法有:用眼睛观察触电人的胸腹部有无起伏;用耳朵贴近触电人的口、鼻,聆听有无呼吸的声音;用脸或手贴近触电人的口、鼻,测试有无气体排出;用一张薄纸片放在触电人的口、鼻上,观察纸片是否动。若胸腹部无起伏、无呼气出,无气体排出,纸片不动,则可判定触电人已停止呼吸。

呼吸停止,心搏存在者,就地平卧解松衣扣,通畅气道,立即口对口人工呼吸,有条件的可气管插管,加压氧气人工呼吸。亦可针刺人中、十宣、涌泉等穴,或给予呼吸兴奋剂(如山梗菜碱、咖啡因、可拉明)。

处理电击伤时,应注意有无其他损伤。如触电后弹离电源或自高空跌下,常并发颅脑外伤、血气胸、内脏破裂、四肢和骨盆骨折等。如有外伤、灼伤均需同时处理。

现场抢救中,不要随意移动伤员,若确需移动时,抢救中断时间不应超过30秒。移动伤员或将其送医院,除应使伤员平躺在担架上并在背部垫以平硬阔木板外,应继续抢救。

招式61 心肺复苏法抢救伤者

心跳骤停时间不长时(3至4分钟内)可进行心肺复苏法。运用心肺复苏法(包括人工呼吸法和胸外心脏按压法)对抢救病人至关重要。心脏复苏法有三个原则

(1)畅通气道。施救者先使病人仰面平卧于坚实的平面上,然后自己的两腿自然分开,与肩同宽,跪于病人肩与腰之间的一侧。施救前,如病人口中有异物,要先清除,开放气道。

(2)口对口人工呼吸。先用一只手按住病人前额,另一只手的食指、中指将其下颏托起,使其头部后仰;压额手的拇指、食指捏紧病人鼻孔,吸足一口气后,用口唇严密地包住病人的口唇,以中等力量将气吹入病人口内,不要漏气;当看到病人的胸廓扩张时停止吹气,离开病人的口唇,松开捏紧病人鼻翼的拇指和食指,同时侧转头吸入新鲜空气,再施二次吹气。每次吹气时间:成人为2秒钟,儿童为1至1.5秒钟。

(3)胸外心脏按压法:施救者用一只手的中指沿病人的肋缘自下而上移动至肋缘交会处(剑突),伸出食指与中指并排,另一手掌根置于此两指旁,再以定位手叠放于这只手的手背上,手指相扣,贴腕跷指,手指跷起勿压胸肋,以髋关节为轴用力,肘关节伸直向下压(垂直用力),手掌下压深度为3.5至4.5厘米,每分钟约做100次。进行胸外心脏按压时,只用掌根部,手指不要压病人胸肋,以免造成肋骨骨折。

胸外心脏按压法与人工呼吸法应交替进行,比例为:单人进行复苏30:2,也就是说,心脏按压30次,吹气2次,反复做;双人进行复苏30:2,也就是说,一人做30次心脏按压,另一人吹气2次,反复做。

温馨提示

触电的类型有哪些?救护人在解救触电者时应注意什么?

答:触电最常见的有单相触电和两相触电两种。单相触电,指电流通过人体、大地、接地电阻再回到电源。这时人体将受到相电压的作用,电流大大超过50mA,这是很危险的。两相触电指两手触及两根火线,电压为线电压,且电流通过心脏,这是最危险的一种触电形式

触电者接触带电体时,会引起肌肉痉挛,如果他的手握导线就会握得很紧不容易解脱。所以救护触电的人,首先是迅速地将电源断开,使触电者尽快地脱离电源。没有断电之前,严禁空手去接触带电者的身体。如果非接触不可,就要使用安全用具。

如果不能迅速地切断电源,就要想方设法将触电者与带电部分分离开。如果是低压线路,用绝缘钳剪断导线;用干燥的木棒或者其他绝缘体挑开搭落在触电者身上的导线;如果触电者衣服是干燥的,可站在干燥的木板上用单手拉衣服将触电者拉开,使其脱离带电体。不论采取何种方法,都要注意防止断开或挑开的导线触及其他人,再造成触电事故。

如果是在高压电气触电,救护人一定要穿耐高压的橡胶绝缘鞋,戴绝缘手套,并使用适合该高压的绝缘棒或装有绝缘柄的钳子使触电者脱离带电部分。在架空线上,可根据现场情况,将所有导线短路采用抛掷短路线的方法迫使电器开关掉闸断电,以便解救触电者。

如果触电者在较高的地方触电,为严防触电者松手后从高处落下造成损伤,应该采取防护措施。在夜间或照明不足时,应利用其他光源(电池灯、手电筒、蜡烛等)解决照明问题。

第七章
室内给水系统安装 17 式

shineijishuixitonganzhuangshiqishi

招式 62:如何选择 PVC - U 管
招式 63:如何选择 PP - R 管
招式 64:如何选择铝塑复合管
招式 65:如何选择铜管
招式 66:如何定位放线和沟槽开挖
招式 67:如何进行沟槽支撑
招式 68:如何进行埋地管道支墩
招式 69:埋地管道的下管与配管
招式 70:检查井与阀门井的砌筑
招式 71:沟槽的回填土
……

行家出招

第一节　给水管道选择4招

家装中，必须使用环保、卫生都达到要求的给水管道，通常使用的有硬聚氯乙烯塑料管（PVC－U）、无规共聚聚丙烯塑料管（PP－R）、铝塑复合管、铜管等。生活饮用水管严禁采用镀锌焊接钢管。因为这类钢管容易生锈产生污垢，造成饮用水污染，危害我们的健康，而且此类钢管使用寿命短，更换麻烦。

招式62　如何选择PVC－U管

我们选择PVC－U管的时候，首先要看它的颜色。一般的PVC－U排水管，颜色为乳白色且颜色均匀，内外壁均比较光滑又有点韧。而比较次的PVC－U排水管颜色不是雪白的，就是有些发黄，且较硬，颜色不均，有的外壁特别光滑，而内壁显得粗糙，有时有针刺或小孔。

其次，要看PVC－U管的韧性。将PVC－U锯成窄条后，试着折180度，如果一折就断，说明韧性很差，脆性大；如果很难折断，说明韧性好，而且在折时越需要费力才能折断的管材，强度很好，韧性一般不错。

最后，要观察断茬（锯的茬口除外），茬口越细腻，说明管材均化性、强度和韧性越好。

招式63　如何选择PP－R管

PP－R水管是非常理想的选择。首先，PP－R管卫生、无毒，可以直接用于纯净水、饮水管道系统。PP－R管耐腐蚀、不易结垢，消除了镀锌钢管锈蚀结垢造成的二次污染。其次，PP－R管耐热，保温性能好，可长期输送温度为70℃以下的热水，可承受瞬时95℃的高温。最后，重量轻，强度高，管材内壁光滑,不易结垢,采用热熔承插连接,安装简单可靠,使用寿命长。一旦安装打压测试通过,永不会漏水。

选购时,要注意识别管材上的标识,产品名称应为"冷热水用无规共聚聚丙烯管材"或"冷热水用 PP-R 管材",并有明示执行的国家标准"GB/T18742-2002"。其次还有四点要注意:

"摸":质感是否细腻,颗粒是否均匀。现在市场上 PP-R 管主要有白、灰、绿几种颜色,一般情况下,所以许多人往往认为白色的才是最好的,其实这种观点比较片面。随着技术的更新提高,颜色不是辨别 PP-R 管好坏的标准。管的好坏,看是不能解决问题的,摸一摸,颗粒粗糙的很可能掺入了其他杂质。

"闻":有无气味。PP-R 管主要材料是聚丙烯,好的管材没有气味,差的则有怪味,很可能是掺和了聚乙烯,而非聚丙烯。

"捏":PP-R 管具有相当的硬度,随随便便可以捏成变形的管,肯定不是 PP-R 管。

"砸":好的 PP-R 管,回弹性好,太容易砸碎自然不是好的 PP-R 管。但硬度强不等于弹性好,对怎么都砸不碎的 PPR 管,大家就要留有疑问了,因为有些不法厂家通过加入过多碳酸钙等杂质来提高管材的硬度,这样的管用久了容易发生脆裂。

"烧":点火一烧,很直观也很管用。原料中混合了回收塑料和其他杂质的 PP-R 管会冒黑烟,有刺鼻气味;好的材质燃烧后不仅不会冒黑烟、无气味,燃烧后,熔出的液体依然很洁净。

PP-R 水管有冷水管和热水管之分,是管壁的厚薄有区别,建议都用热水管来排,管壁比较厚,质量更好。

招式 64 如何选择铝塑复合管

品质优良的铝复合管,一般外壁光滑,管壁上商标、规格、适用温度、米数等标识清楚,厂家在管壁上还打印了生产编号,以备随时监控产品质量;产品包装精良,包装上的各种标识同样清楚,生产厂家名称、地址、电话等均印刷在显要位置上。而伪劣产品一般外壁粗糙、标识不清或不全、包装简单、厂址或电话不明。

好的铝塑复合管,在铝层搭接处有焊接,铝层和塑料层结合紧密,无分层现象,而伪劣产品有的铝层搭接处没有焊接,有的铝层和塑料层经常分层,不紧密。

目前市场上销售的铝塑复合管,价格差别很大,根据铝塑复合管生产成本来分析,价格过低的产品,其原材料的质量根本无法保证。因此,消费者在购买时,不能贪图便宜。其实,随着一些大企业的生产能力不断提高,生产成本不断降低,一些名牌产品的价格也在下调,现在装修一套住房所需的铝塑复合管,名牌与普通产品总价值仅差几十元,所以购买有一定知名度的产品是明智的选择。

不过,铝塑复合管在作热水管使用时,由于长期的热胀冷缩可能会造成卡套式连接错位以致造成渗漏。

招式65 如何选择铜管

铜的化学性能相当稳定、不易被腐蚀。铜管的强度要比塑料管高得多,可以承受相当大的压力;而比之钢管,铜管又有良好的韧性,在较强的冻胀和冲击下也不裂缝、不折断。铜的熔点高,传输的介质温度即使高达200℃,也能长期安全地工作。铜管具有良好的抗渗透性,使用过程中,它的表面能形成一层结构致密、不被介质溶解的保护膜,无论是油脂、碳水化合物、细菌和病毒、有害液体、氧气或紫外线均不能穿过它进而侵蚀管壁。唯一的缺点是价格昂贵。

铜管的连接方式主要分为机械连接和钎焊连接两大类。机械连接又分卡套式、插接式和压接式连接。

铜管目前执行的国家标准为GB/T18033－2000,给水用的铜管一般为T2或TP2合金,铜含量应在99.9%以上。铜管的缺点是导热快。为避免这个缺点,最好在输送热水的铜管外覆上保温层,减少热损失。

目前市场上有塑覆铜管,但其保温作用有限,最好在其外表面再套上泡沫橡塑管壳,以提高热水管的保温性能。

第二节　给水管道开槽施工 6 招

给水管道的安装流程是：定位放线→沟槽开挖→沟槽支撑→室外埋地管道基础→室外管道安装→管道下管与配管→管道支墩→管道检验与试压→沟槽的回填土→验收。简单说来，给水管安装可以分两大部分：第一部分是开槽施工，第二部分是管道安装。

招式 66　如何定位放线和沟槽开挖

按照设计施工图的坐标位置确定管道中心线位置，用龙门板在地面固定，并且分别测出各龙门板中心点的标高，作为开槽、配管的依据，龙门板要妥善保护，间隔距离一般不超过 10 米。同时管线中心桩和水准点均应用平移法设置与管线施工范围外的便于观察和使用的部位。

a. 当管道的测量定位线经复核无误后，即可进行沟槽开挖。沟槽开挖采用机械，局部较小的部位可采用人力。

b. 沟槽开挖后，应分段分别挖好集水坑，用污水泵排除沟槽内集水。

招式 67　如何进行沟槽支撑

进行沟槽支撑之前，我们首先要了解一下室外埋地管道基础：

天然地基：土壤耐压强度较高，地下水位较低，（如干燥黏土、砂质黏土等。）将天然地基整平，管道敷设在未经扰动的原土上。

混凝土基础；管基为回填土时，设混凝土基础。

给水铸铁管、镀锌钢管在一般情况下，可不做基础，将天然地基整平，管道铺设在未经扰动的原土上。加筋 UPVC 塑料排水管，宜设置混凝土条形基础。加筋 UPVC 塑料排水管道在闭水实验合格后，还应用混凝土捂帮保护。

总体埋地管道基础施工前，必须检验沟槽开挖的深度、宽度和坡度应满足给排水管道的设计坡度要求，验槽合格后，尽快浇注混凝土，同时严格控制平基面的高度，基础偏差应满足规范要求。

招式68 如何进行埋地管道支墩

a. 管道管径 DN≤300mm 的管道，且埋设在原土层中，可不设支墩。

b. 管道管径 DN＞300mm 的管道，在管道的弯头、三通及管道端部应设置支墩，支墩一般用100号混凝土浇注，并且保证支墩与土体紧密接触。

招式69 埋地管道的下管与配管

a. 总体埋地管道的下管，采用人工方式或机械方式。

b. 采用人工方法下管，沿沟槽分散下管，以减少沟槽内管道的运营。

c. 总体埋地给水管道的配管，应确保管道的每节管段按照设计中心位置和高程稳定在基础和坐标上。

d. 排水管道配管时，在管道内放置一块带有中心刻度水平尺，当管道坐标中心线上下垂的中心吊线与水平尺的中心刻度重合时，为合格。

招式70 检查井与阀门井的砌筑

a. 井底基础应与管道基础同时浇注。

b. 砖砌圆形检查井，应随砌随检查直径尺寸，当需要收口时，如由四周收进，每次收进不大于30mm；如部分收进，每次收进不大于50mm。

c. 砌筑检查井的内壁，应用原浆勾缝，内壁需抹面，并且分层压实。

招式71 沟槽的回填土

a. 沟槽的回填土时，管道两侧应同时均匀回填，以免管线水平移位。

b. 回填土时应先回细土，防止石块碎砖损伤管道与镀锌钢管的防腐层，回填土时应分层夯实，当土层含水率较低时应洒水，确保土层夯实。

9）室外球墨铸铁管安装

a. 室外给水管道的管沟开挖时，应按照设计施工图纸的坐标、标高进行，开挖的宽度和深度应满足管道敷设的标高和安装要求。管道施工中,应对直管段无接口处先部分回土,防止浮管。同时应先回细土,防止石块碎砖损伤管道。

b. 室外给水球墨铸铁管管道应按图进行加工预制,连接前应用钢丝刷清除管内与插口处的粘沙与毛刺,并且将橡胶圈表面油污物清除净。

c. 球墨铸铁管管道连接时,应确保橡胶圈不翘不扭,均匀一致地卡在槽内,如有衬里破损,应在承插部分涂刷植物油润滑,随之将管自插口轻轻插入承口内,拨正管道后用手拉葫芦拉紧(管子插入的深度应在管口做好记号),每个承插口最大转角不得大于4°21"。

d. 球墨铸铁管管道的三通、弯头处应按照设计与规范要求设置管墩和支墩,安装完成24小时后,应及时进行水压试验、管道清洗和隐蔽工程验收工作,并且及时填写水压试验、管道清洗和隐蔽工程验收记录表,同时进行回填土,并分层夯实。

第三节　给水管道安装7招

招式72　如何安装管道支吊架

常见支吊架有双杆吊架、单管托架、双管托吊架、双管立式支架、水平管支座等。大管径的塑料给水管道,宜用型钢支吊架,其安装牢固、稳定性好。

支吊架安装要求横平竖直,安装牢固。竖直安装时,应吊坠线进行分点,使所有立管单卡、双管卡的固定点都落在垂线上,以保证安装的垂直度。水平安装应两端挂水平线进行分点,并根据设计要求注意放坡度。有阀门的地方应设置专用支吊架,不得让管道承重。管道拐弯的地方,应在拐点两端设加固支吊架。有补偿器的地方应在两侧安装1~2个多向支架,使管道在支吊架上伸缩时不偏移中心线。

招式73　如何进行管道防腐刷漆和放样加工管子

现场加工各种支吊架,在安装前应认真除锈,并刷防锈漆两遍,待漆干后方能进行安装。不允许先安装后刷漆，一是因为安装上去的支吊架，局部有些地方无法除锈刷防锈漆；二是因为在刷漆时往往造成交叉污染。

放样下料时应综合考虑不同管路、管径的用料情况，尽量做到套裁以避免浪费和增加中间接头。加工好的每段管子应做好分段并好，其分段编号应与设计图纸或施工草图上所标注的位置相对应。

招式74 如何进行管道连接

PVC－U管的粘连安装：管道粘连不宜在湿度很大的环境下进行，操作应远离货源，防止撞击。施工现场要保持空气流通，不得封门。在涂刷溶剂之前，先用砂纸将接口表面打毛，用干布将粘接口表面擦净。涂刷胶粘剂后，立即找正方向对准轴线将管端插入承口，并用力推挤到所画标线。插入后将管旋转1/4圈，并保证接口的垂直度和位置正确。

PVC－U管可明管敷设也可暗管敷设，但是不能埋在承重墙内。管道垂直穿越墙、板、梁、柱时应加套管；穿越地下室外墙应加防水套管；穿楼板和屋面时应采取防水措施。

PP－R的热熔连接：PP－R给水管一般采取热熔连接，热熔连接工具接通电源后，达到工作温度（250～270摄氏度）指示灯亮后才能进行操作。切割管材，必须使端面垂直于管子轴线。管材切割一般使用管子剪刀或管道切割机，切割后的管材端面应除去毛边和毛刺。用卡尺和合适的笔在管端口测出并绘出热熔深度。无旋转地把管端导入加热套内，插入到所标示的深度，同时无旋转地把管件推到加热头上。达到加热时间后，立即把管材与管件从加热套与加热头上同时取下，沿直线均匀插入到所标深度，使接头处形成均匀凸缘。

在规定的加工时间内，刚熔接好的接头还可校正，可少量旋转，但过了加工时间，严禁强行校正。注意：接好的管材和管件不可有倾斜现象，要做到基本横平竖直，避免在安装龙头时角度不对，不能正常安装。严禁让刚加工好的接头处承受外力。

招式75 如何进行铜管连接

铜管有两种连接方式：卡套式连接和焊接。

卡套式非常适合于家庭安装。它最大的优点在于安全,经济,清洁,快速并能承受足够的压力。这种方式是通过压缩管子上的密封或压环用机械方法进行连结的。选择使用卡套式连接方式只需使用最简单的工具如扳手就可完成。如安装后万一发生渗漏也易于维修,只需直接拧紧螺母即可,而不用放干水流和拆卸水管。

另外一种安装方式是焊接式,其中又分为锡焊和铜焊。二者的主要区别在于使用的金属填料不同。两种焊接都是在接头处加热,加入焊料溶解,将溶解的焊料吸入连接处。

两种焊接都应注意以下几个步骤:1、准确度量铜管,并切割铜管;2、除去毛边,并清洁表面;3、使用正确、适量的焊料;4、加热铜管,并使用适量焊料;5、让接头冷却,除去多余焊料。

招式76 如何进行给水支管及配件安装

a、支管安装包括明装和暗装。明装要求横平竖直,先把固定卡安装好,然后将预制好的支管沿着固定卡依次安装。固定的重要原因是因为最大限度的减少水流的声音。暗装前应定位画线,开槽,把预制好的支管敷设于槽内。

b. 铝塑复合管在卫生间敷设时,要采用分水器配水,并使各支管以最短的距离达到配水点。直埋管段不宜有接头。分水器到各用水点应单独连接管道,各支路配水管不要交叉。分水器安装点可设在墙体、洗手盆下部的装饰橱柜内,因为要方便检修和操作。分水器进水管上最好安装进水阀门,且它的材质以铜、不锈钢和塑料为佳。

招式77 如何进行管道试压

a. 埋地管道安装外观检查合格,在管身两侧及其上部回填土不少于0.5米以后,进行压力试验;室内给水管道在安装完毕后经检查无安装缺陷后应进行压力试验。

b. 室内给水管道的水压试验必须符合设计要求。各种材质的给水管道系统试压均为工作压力的1.5倍,但不得小于0.6Mpa。

检验方法:金属及复合管给水管道系统在系统压力下观测 10min,压力降不应大于 0.02Mpa,然后降到工作压力进行检查,应不渗不漏;塑料管给水系统应在试验压力下稳压 1 小时,压力降不得超过 0.05Mpa,然后在工作压力下的 1.15 倍状态下稳压 2 小时,压力降不得超过 0.03Mpa,同时检查各连接处不得渗漏。

招式 78 如何进行给水管的管道冲洗、消毒

a. 给水管道在水压试验后,应进行冲洗和消毒。冲洗时应用流速不小于 1.0m/s 的水流连续冲洗,直至出水口处浊度、色度与入口处冲洗水浊度、色度相同为止。

b. 冲洗后还要用每升水含 20～30 毫克游离氯的水灌管道进行消毒,含氯水在管道中应留置 24 小时以上。

c. 消毒完后,再用饮用水冲洗,并经有关部门取样检验,符合国家《生活饮用水标准》方可使用。

在室内装修中给水管的安装以及施工规范都是在装修中要注意的问题,一旦给水管安装中出现问题,在后期的检修以及生活中都会带来很大的麻烦。

进行隐蔽工作之前,给水管道要用水泥砂浆保护,墙内的冷水管道水泥砂浆不小于 10mm,热水管道不小于 15mm,嵌入地面的管道不小于 10mm。冲洗管道应用自来水连续进行。冲洗时打开各给水点,直到冲洗水质洁净。

温馨提示

1、安装墙顶、墙槽、地面管道有什么注意事项?

答:首先要注意冷水管管卡间距常规为 50±5cm,热水管管卡间距为 35±5cm,如管卡不到位,会导致水管抖动,产生噪音。如遇到两根水管平行走,两根水管间距最好为 10±15cm,否则水管太近,在不透风的情况下,产生冷凝水,导致墙面发霉。

其次,安装墙槽管道要注意施工,应该按照标准开槽,否则会影响水管出水口的正确定位,导致龙头或三角阀安装困难。水管间距 3－5cm。

安装地面管道要注意管道横平竖直,出水口与墙面垂直。管道安装结束后,要注意成品保护,在地上走的水管要用水泥、黄沙敷平,并避开直接脚踩或重压。

2、室内给水系统一共有多少种?

答:室内给水系统按供水对象和要求的不同,可以分为以下几类:

1. 生活给水系统,供我们日常生活饮用水。地下水只需消毒处理,地表水经简易净化处理(如过滤)、消毒后即可供生活饮用者。生活用水的水质比生产用水与消防用水要高。

2、生产给水系统,供日常生产和冷却设备用水。这类水不用经过严格的消毒。

3、消防给水系统,供消防灭火装置用。目前,国内对消防用水尚无明确水质要求,但是水质的恶化会影响对火场的控制和对火灾的快速扑救。

室内给水系统由给水管、水表节点、给水管网和控水等几大部分组成。

引入管是指自室外给水总管引入室内的管段。水表节点位于引入管的中间,常设有水表井,在水表前后端分别设有阀门,泻水口等。给水管网则由给水干管、立管、支管组成。控水由分配水器材或用水设备,如管道中部的阀门、支管端部的龙头及卫生设备等均属于该范畴。除上述基本组成部分外,根据城市给水管网的水压情况,有时候要在室内给水系统中附加一些其他必须的加压、沉淀设备、如水泵、加压塔、水箱、储水池等。

3、管道熔接点渗漏主要原因有哪些?

答:1、设备因素。热熔器的温度偏高或偏低,是管道熔接点渗漏的主要原因之一。模具严重磨损、老化、熔接面不光滑,以及在熔接过程中,熔接点粘有水迹和油迹,导致接触面不熔接,也是导致熔接点渗漏的问题所在。

2、人为的因素。例如技术人员未经正规培训,操作不当,装修队在施工过程中的人为损伤等等。

3、材料因素。选择管材与管件要同一品牌,如果原材料不同,就极有可能导致不能熔接。

第八章

9 招室内排水系统安装不求人

jiuzhaoshineipaishuixitonganzhuangbuqiuren

招式 79:如何进行预制加工

招式 80:如何进行干管安装

招式 81:如何进行立管安装

招式 82:如何进行支管安装

招式 83:如何进行器具连接管安装

招式 84:伸缩节、检查口安装不可少

招式 85:安装存水弯减少臭气上扬

招式 86:管卡安装要计算总伸缩量

招式 87:pvc – u 排水管穿楼板封堵孔洞有方法

我们习惯上把日常生活中使用过的水称为生活污水,生活污水中一般含有较多的蛋白质、动植物脂肪及尿素等有机物;用于清洁洗涤后的水含有肥皂和合成洗涤剂以及细菌、病原微生物等。这一章,我们重点讲述室内排水系统的安装。

排水管道所排泄的水是受污染的水,含有大量的悬浮物,尤其生活污水中会含有纤维类和其他大块的杂物,容易引起管道堵塞。排水管管径一般比较粗。排水管一般分成镀锌铁管、铜管、不锈钢管、铝塑复合管、PVC 管和 PP 管。

镀锌铁管是目前使用量最多的一种材料,由于镀锌铁管的锈蚀造成水中重金属含量过高,影响人体健康,许多发达国家和地区的政府部门已开始明令禁止使用镀锌铁管。目前我国正在逐渐淘汰这种类型的管道。

不锈钢管是一种较为耐用的管道材料。但其价格较高,且施工工艺要求比较高,尤其其材质强度较硬,现场加工非常困难。所以,在装修工程中被选择的机率较低。

目前,家装中,最常用的排水管是 UPVC 管。

行家出招

第一节　室内排水系统安装 5 招

虽然室内排水系统的安装与给水系统安装有相似之处,但也不能掉以轻心。

工艺流程为:安装准备→预制加工→干管安装→立管安装→支管安装→卡件固定→封口堵洞→闭水试验→通水试验

招式 79　如何进行预制加工

进行作业前,要做好安装准备工作,主要机具如手电钻、冲击钻、手锯、铣口器、钢刮板、活扳手、手锤、水平尺、套丝板、毛刷、棉布、线坠等要备齐。

使用的管材为硬质聚氯乙烯(UPVC),所用粘接剂应是同一厂家配套产品,应与卫生洁具连接相适宜,并有产品合格证及说明书。管材内外表层应光滑,无气泡、裂纹,管壁薄厚均匀,色泽一致。直管段挠度不大于1%。管件造型应规矩、光滑,无毛刺。承口应有梢度,并与插口配套。

其它材料如粘接剂、型钢、圆钢、卡件、螺栓、螺母、肥皂等也要一并准备好。

然后是埋设管道,挖好槽沟,槽沟要平直,必须有坡度,沟底夯实。暗装管道(包括设备层、竖井、吊顶内的管道)首先应核对各种管道的标高、坐标的排列有无矛盾。预留孔洞预埋件已配合完成。土建模板已拆除,操作场地清理干净,安装高度超过3.5m应搭好架子。室内明装管道要与结构进度相隔二层的条件下进行安装。室内地平线应弹好,初装修抹灰工程已完成。安装场地无障碍物。

根据图纸要求并结合实际情况,按预留口位置测量尺寸,绘制加工草图。根据草图量好管道尺寸,进行断管。断口要平齐,用铣刀或刮刀除掉断口内外飞刺,外棱铣出150角。粘接前应对承插口先插入试验,不得全部插入,一般为承口的3/4深度。试插合格后,用棉布将承插口需粘接部位的水分、灰尘擦拭干净。如有油污需用丙酮除掉。用毛刷涂抹粘接剂,先涂抹承口后涂抹插口,随即用力垂直插入,插入粘接时将插口中稍作转动,以利粘接剂分布均匀,约30s至1min即可粘接牢固。粘牢后立即将溢出的粘接剂擦拭干净。多口粘连时应注意预留口方向。

招式80 如何进行干管安装

首先根据设计图纸要求的坐标、标高预留槽洞或预埋套管。埋入地下时,按设计坐标、标高、坡向、坡度开挖槽沟并夯实。采用托吊管安装时应按设计坐标、标高、坡向做好托、吊架。施工条件具备时,将预制加工好的管段,按编号运至安装部位进行安装。各管段粘连时也必须按粘接工艺依次进行。全部粘连后,管道要直,坡度均匀,各预留口位置准确。安装立管需装伸缩节,伸缩节上沿距地坪或蹲便台70~100mm。干管安装完后应做闭水试验,出口用充气橡胶堵封闭,达到不渗潜漏,水位不下降为合格。地下埋设管道应先用细砂回填至管上皮100mm,上覆过筛土,夯实时勿碰损管道。托吊管粘牢后再按水流方向找坡度。最后将预留口封严和堵洞。

招式 81 如何进行立管安装

首先按设计坐标要求,将洞口预留或后剔,洞口尺寸不得过大,更不可损伤受力钢筋。安装前清理场地,根据需要支搭操作平台。将已预制好的立管运到安装部位。首先清理已预留的伸缩节,将锁母拧下,取出U型橡胶圈,清理杂物。复查上层洞口是否合适。立管插入端应先划好插入长度标记,然后涂上肥皂液,套上锁母及U型橡胶圈。安装时先将立管上端伸入上一层洞口内,垂直用力插入至标记为止(一般预留胀缩量为20~30mm)。合适后即用自制U型钢制抱卡紧固于伸缩节上沿。然后找正找直,并测量顶板距三通口中心是否符合要求。无误后即可堵洞,并将上层预留伸缩节封严。

招式 82 如何进行支管安装

首先剔出吊卡孔洞或复查预埋件是否合适。清理场地,按需要支搭操作平台。将预制好的支管按编号运至现场。清除各粘接部位的污物及水分。将支管水平初步吊起,涂抹粘接剂,用力推入预留管口。根据管段长度调整好坡度。合适后固定卡架,封闭各预留管口和堵洞。

招式 83 如何进行器具连接管安装

核查建筑物地面、墙面做法、厚度。找出预留口坐标、标高。然后按准确尺寸修整预留洞口。分部位实测尺寸做记录,并预制加工、编号。安装粘接时,必须将预留管口清理干净,再进行粘接。粘牢后找正、找直,封闭管口和堵洞打开下一层立管扫除口,用充气橡胶堵封闭上部,进行闭水试验。合格后,撤去橡胶堵,封好扫除口。

排水管道安装后,按规定要求必须进行闭水试验。凡属隐蔽暗装管道必须按分项工序进行。卫生洁具及设备安装后,必须进行通水通球试验。

第二节　预防室内排水系统问题4招

室内排水系统安装不严谨,会导致漏水、下水不通、臭气上扬等情况,严重影响我们的日常生活。现在专家教你4招,预防排水系统出问题。

招式84　伸缩节、检查口安装不可少

在排水立管安装中,我们经常漏装或少装伸缩节,这是不符合规定要求的,因为pvc－u排水管线胀性较大,受温度变化产生的伸缩量较大。管道伸长或收缩就必须依靠伸缩节这个专用配件来解决。但在安装工艺上常犯的毛病是,不按当时的环境温度在管材插口处做插入深度记号,安装后则不知道插入多深,监理人员也无法检查,容易造成天冷时插口脱出橡胶密封圈的保护范围,臭气外泄;天热时管材又无处可伸,胀坏接口。还有的是把伸缩节倒着安装,也就是把橡胶密封圈一侧作为朝下的承口,造成不应有的渗漏。

正确的安装方法是,安装伸缩节应预留伸缩量,夏季为5－10cm;冬季为15－20cm,因此,在排水立管和较长悬吊横干管上,应安装伸缩节,以解决管道的伸缩问题。当层高小于或等于4m时,污水立管和通气立管应每层设置一伸缩节;当层高于4m时,其数量应根据管道设计伸缩量和伸缩节允许伸缩量计算确定,设计伸缩量不应大于伸缩节的最大允许伸缩量。同时,立管伸缩节应设置在靠近支管处,使支管在立管处的位移几乎为零,以减少管道的渗漏。

在立管上应每隔一层设置一个检查口,在最底层或有卫生器具的高层设置。如为两层建筑,可仅在底层设置立管检查口;如有乙字弯管时,则在该层乙字弯管的上部设置检查口,检查口的中心高度距操作地面一般为一米,允许偏差±20mm,检查口的转向应便与检修,安装立管,在检查口处应安装检修门。

招式85　安装存水弯减少臭气上扬

楼内下水道如果没有存水管及水封,那么各家各户的下水道都是互通的.那必然造成“臭气”互通。

洗脸盆和洗涤盆下的存水弯：在设计图表示不详的情况下，施工安装人员经常误认为洗脸盆和洗涤盆下的存水弯安装在楼板上和楼板下是一回事，其实不然，洗脸盆和洗涤盆下的存水弯因毛发、碎屑等杂物，非常容易堵塞，必要时需要打开存水弯下的检查口清通，如果存水弯安装在楼板下方，清通时就必须到楼下住户家里去，一般家庭的厨房、卫生间都会吊顶，这就显得非常不方便。正确的做法是，将S型存水弯安装在楼板的上方，这样住户在自家内随时可以方便的清理。

地漏下的存水弯：有些工程技术人员认为带扣碗地漏含有水封，能防臭，故不需在地漏下再安装存水管，其结果往往因地漏水封达不到规范要求的深度而被破坏，会使下水道的臭气逸入室内，影响室内空气质量。正确的做法：在地漏下安装P型存水弯或采用水封深度大于50mm的三防地漏。

招式86 管卡安装要计算总伸缩量

一些施工人员在安装管道支承件时，不考虑所在位置，将所有的管卡都固定得很紧，限制了管道的伸缩，这样做是适得其反的。一般楼层立管中部设的那只管卡，如果立管穿楼层时已形成固定支承，那么，该管卡只起一个定位作用，不能将管身箍得太紧，与管身之间应留有微隙，对于长管道，应计算出总伸缩量，按每只伸缩节允许的伸缩量选择伸缩节的数量和确定安装位置，根据管道伸缩方向再订每个支承件安装的松紧度.这样，安装出来的管道才能保证质量。同时，为解决镀锌卡易被腐蚀、污染管道问题，管卡宜采用包胶管卡或塑料管卡。

招式87 pvc－u排水管穿楼板封堵孔洞有方法

管道穿过楼板后，有些施工人员为方便省事，不进行土建支模，仅用纸屑、碎块等杂物进行简单遮挡后，用水泥砂浆填塞孔洞，加之pvc－u管外表比较光滑，与混凝土粘结不牢固，因此，容易造成严重的楼板渗水现象，影响住户正常使用。

因此，我们有必要推广pvc－u排水立管预留孔洞，堵洞新工艺做法。用铁板制作简便的专用堵洞模具；以立管为支撑，安装模具；浇筑孔洞混凝土拆除模具、清理、刷油、存放。

此外，还可以用砂纸将立管外皮在结合部位打毛，使外皮粗糙。还有另一种方法也能达到外皮粗糙的要求，即在立管与楼板结合部做好记号，刷上一层塑料粘结剂，待塑料粘结剂形成一层薄薄的溶结层时，滚上一层中砂，待凝固后，在塑料管外形成粗糙表面，再吊浇筑混凝土，细石混凝土的强度等级为 c20，内加微膨胀剂，浇筑前，将预留洞内的杂物，浮浆等消除干净，用水润湿，然后分层浇筑密室。

对于一些要求较高的施工部位，最好采用止水环，把止水环粘在立管上，一并打入混凝土中，增加结合面处水泄漏的爬行距离，一般是可以起到止水作用的。

温馨提示

1、室内生活污水排水系统中为什么要设透气管，如何安装通气管？

答：如果排水系统不设透气管，因为气压问题，生活污水就不容易排出；生活排水管道或散发有害气体的生产污水管道，均应将立管延伸到屋面以上进行通气，即设置伸顶通气管。伸顶通气管高出屋面不得小于 0.3m，且必须大于最大积雪厚度。在通气管口周围 4m 以内有门窗时，通气管口应高出门窗顶 0.6m 或引向无门窗一侧。在经常有人停留的平屋面上，通气管口应高出屋面 2.0m 并根据防雷要求考虑设置防雷装置。伸顶通气管的管径不小于排水立管的管径。但是在最冷月平均气温低于 -13℃ 的地区，应在室内平顶或吊顶以下处将管径放大一级。

对卫生、安静要求较高的排水系统，宜设置器具通气管，器具通气管设在存水弯出口端。

连接 4 个及以上卫生器具并与立管的距离大于 12m 的污水横支管和连接 6 个及以上大便器的污水横支管应设环形通气管。环形通气管在横支管最始端的两个卫生器具间接出，并在排水支管中心线以上与排水管呈垂直或 45°连接。

专用通气立管只用于通气，专用通气立管的上端在最高层卫生器具上边缘或检查口以上与主通气立管以斜三通连接，下端应在最低污水横支管以下与污水立管以斜三通连接。专用通气立管应每隔 2 层，主通气立管每隔 8 ~ 10 层与排水立管以结合通气管连接。专用通气管的安装过程同排水立管的安装,并按排水立管的安装要求安装伸缩节。

2、为什么 PVC 管材室内排水管普遍反映噪音大,应如何解决?

答:随着现代人生活水平的提高、环境意识的增强,人们对于工作和居住环境的噪声问题越来越重视。建筑给排水噪声对人们生活的影响已不容忽视,建筑内部给排水系统的噪声是建筑噪声最主要的来源之一,直接影响着人们的正常生活和工作. 所以如何防治室内噪声、减小噪声,显得非常必要。

排水管道的敷设,多采用 PVC 管。而 PVC 管较为光滑,粗糙系数为 0.009,较铸铁管为 0.015 小,所以排水管的流速快,产生的声音较铸铁管大。国际标准规定居民建筑生活噪音不能超过 60 分贝,PVC 排水管的噪音,经有关部门测试,最大为 55 分贝,符合民用生活标准。PVC－U 排水管材由于直径相同,壁厚有所不同,如选用薄壁管,噪音较大,而选用螺管或芯发泡管,噪音可降低 4—6 分贝。高楼建筑排水管也可采用给水管材与管件,在流速、流量相同的情况下,PVC－U 管与铸铁管噪音不会有太大的差异。

在给水设计中,控制室内给水管道流速,选择合理水流速度,也可以降低住宅内噪音。

另外, 在立管的最高处安装自动排气阀,可有效降低因管路内气体的汽蚀现象而产生的汽蚀噪音,管路内压力越高,这种噪音越大。

第九章
安装卫生洁具 9 式

anzhuangweishengjiejujiushi

卫生洁具包括浴缸、便器、洗手盆等,为其配置的给排水产品称之为卫生洁具配件。安装卫生洁具时,家装已经差不多进入尾声。所有与卫生器具连接的管道试压、灌水试验也已经完成。不过,浴缸的安装要在土建完成防水层及保护层之后进行。而其他的卫生洁具要等室内装修基本完成后再进行安装。和其他水电安装一样,卫生洁具的安装首先要选好材料。

卫生洁具是家庭装潢中的重头戏,选购和安装得好,将为你工作之余带来舒适的享受,反之,则带来无穷烦恼及后患。

行家出招

第一节　选购卫生洁具5招

招式88 如何选购水龙头

看材质:一般按质量档次高低依次有:钛合金产品、铜质镀铬产品、不锈钢镀铬产品、铝合金镀铬产品、铁质镀铬产品等几种。

看阀芯:阀芯是水龙头的心脏,陶瓷阀芯是最好的阀芯。质量较好的产品均采用陶瓷阀芯,具有耐磨性强、密封性能好等特点,一般可使用30万次以上;低档产品多采用铜质、橡胶等密封件,使用寿命较短,但价格低廉。

看镀层:在镀铬产品中,普通产品镀层为20微米厚,时间长了材质容易受空气氧化,而做工讲究的铜质镀铬镀层为28微米厚,其结构严密、镀层均匀、色泽光亮、光滑细腻,历久使用仍能保持光亮如新。

看外观:能和台盆、浴缸和浴室的风格融为一体,起到画龙点睛的作用。

看实用:进口品牌多为钛合金或铜质镀铬,色面挺括,精致耐看,但价格昂贵;国产品牌的铜质镀铬价格相对实惠,而不锈钢镀铬产品价格更低廉。

招式89 如何选购地漏

地漏通常装在地面须经常清洗或地面有水须排泄处,如淋浴间,水泵房,盥洗间,卫生间等装有卫生器具处。地漏安装时,应放在易溅水的卫生器具附近的地面最低处,一般要求其箅子顶面低于地面 5 ~ 10mm. 地漏的型式较多,一般有以下几种:

(1) 普通地漏

这种地漏水封较浅,一般为 25 ~ 30mm,易发生水封被破坏或水面蒸发造成水封干燥等现象,目前这种地漏已被新结构型式的地漏所取代.

(2) 高水封地漏

其水封高度不小于 50mm,并设有防水翼环,地漏盖为盒状,可随不同地面做法所需要的安装高度进行调节,施工时将翼环放在结构板面,板面以上的厚度可按建筑所要求的面层做法调整地漏盖面标高,这种地漏还附有单侧通道和双侧通道,可按实际情况选用。

(3) 多用地漏

这种地漏一般埋设在楼板的面层内,其高度为 110mm,有单通道,双通道,三通道等多种型式,水封高度为 50mm,一般内装塑料球以防回流. 三通道地漏可供多用途使用,地漏盖除能排泄地面水外,还可连接洗脸盆或洗衣机的排出水,其侧向通道可连接浴盆的排水,为防止浴盆放水时洗浴废水可能从地漏盖面溢出,故设有塑料球来封住通向地面的通道,其缺点是所连接的排水横支管均为暗设,一旦损坏维修比较麻烦。

(4) 双箅杯式水封地漏

这种地漏的内部水封盒采用塑料制作,形如杯子,水封高度 50mm,便于清洗,比较卫生,地漏盖的排水分布合理,排泄量大,排水快,采用双箅有利于阻截污物. 此地漏另附塑料密封盖,施工时可利用此密封盖防止水泥砂石等物从盖的箅子孔进入排水管道,造成管道堵塞而排水不畅,平时用户不需要使用地漏时,也可利用塑料密封盖封死。

(5) 防回流地漏

适用于地下室或为深层地面排水用,如用于电梯井排水及地下通道排水等,此种地漏内设防回流装置,可防止污水干浅,排水不畅,水位升高而发生的污水倒流. 一般附有浮球的钟罩形地漏或附塑料球的单通道地漏,亦可采用一般地漏附回流止回阀。

招式 90 洗脸盆的选购

从材质上分,一般有陶瓷洗脸盆和不锈钢洗脸盆。

挑选陶瓷面盆主要看釉面和吸水率。釉面的质量关系到耐污性,优质的釉面“蜂窝”极细小,光滑致密,不易脏,一般不经常使用强力去污产品,清水加抹布擦拭即可。挑选陶瓷面盆时可在强光线下,从侧面观察产品表面的反光;也可以用手在表面轻轻抚摸感觉平整度。

吸水率好的产品膨胀度低,表面不容易变形和产生表面龟裂现象,所以一般吸水率越低越好,高档产品吸水率一般小于3%,而部分知名品牌更是把吸水率降低到0.5%,所以选购时多关注一下厂家的说明书,尽量选择吸水率低的产品。

不锈钢能给人一种时尚的感觉,受到时下年轻一族的喜爱,不锈钢洗脸盆和卫生间其他金属配件搭配很烘托出一种特有的现代感。

不锈钢有一个突出的特点,就是容易清洁,只要掬水一冲就光鲜如新。在选购上没什么特别讲究,看好款式,了解一下材质和保养要点就差不多了。

招式 91 浴缸的选购

按材料分,浴缸可以分成压力克塑胶浴缸,钢浴缸,铸铁浴缸等。

压力克塑胶浴缸不会生锈,不会被侵蚀而且非常轻,这种浴缸由一薄片质料制成,下面通常玻璃纤维以真空方法处理而成,它的厚度由3mm至10mm,优点是触感温暖,能较长时间地保持水温,而且容易抹试干净。

钢浴缸坚硬而持久,表面是瓷或搪瓷。制作浴缸的钢通常由1.5mm到3mm厚,一般来说是愈厚愈坚固。

铸铁浴缸是一种非常重及持久的材料,它表面的搪瓷普遍比钢浴缸上的薄,清洁这种浴缸时不能使用含有研磨成分的清洁剂。这种浴缸的缺点是水会迅速地变冷。

选择浴缸的时候,要考虑的是尺寸、形状、款式、舒适度、龙头孔的位置及款式,还有材料。若想在浴缸之上加设花洒,供站着淋浴的位置要平整及稍呈正方形,这样淋浴会较方便及安全,也可以选择表面经防滑处理的款式。

还有就是木桶了。一般以香柏木和橡木为主. 。

木桶浴缸是目前最为新兴的卫浴洁具,大多由香柏木制造,它的优点是环保,保健,用它泡澡别有一番风味,保温性能好,对卫生间空间要求小,而且移动方便。缺点是价格较高,如清理不当易滋生细菌,且较容易漏水。长期不用也会干裂。

招式92 马桶的选购

选择马桶时,首先看它的功能。一般现在的都是3/6升的冲洗,好点的有2.9/4.5的,再小的话满足不了国标的要求。水封也是很重要的,国标要求水封高度要大于50mm,水封面积大于80x100mm。

其次要注意马桶冲水方式和耗水量,冲水方式常见的分为直冲式、虹吸式和冲落式三种。直冲式由于冲水的噪音大而且易反味,已经逐渐退出市场,防臭节水的虹吸式和冲落式已经成为市场的主流。虹吸式属于静音坐厕,不容易反味,冲落式下水管道比较宽,冲力比较大。

最后要看它的品质,瓷体的好坏将严重影响以后的使用。吸水率要小,国标是0.5%。釉面也是很重要的一点,买的时候最好拿只铅笔,在釉面上画一下,留下很浅的痕迹的釉面质量要好些。有的厂家宣传自己的釉面不沾水,在上面滴一些水,用嘴一吹,水会流动,想荷叶上的水滴一样。这种东西最好是别买,一般都是在马桶烧制好以后又在上面涂了一层化学药品才出来的这种效果,而且不耐磨。

强调一点,购买坐便器前一定要先测量下水口中心距毛胚墙面的距离,此距离也就是我们一般所称的坑距。现一般的建筑以305mm、400mm这两种尺寸的坑距为主。确定了坑距后,就是要对冲洗方式进行选择。

第二节　安装卫生洁具4招

卫生洁具安装的材料要求是:卫生洁具的规格、型号必须符合设计要求;并有出厂产品合格证。卫生洁具外观应规矩、造型周正,表面光滑、美观、无裂纹,边缘平滑,色调一致。

卫生洁具零件规格应标准,质量可靠,外表光滑,电镀均匀,螺纹清晰,锁母松紧适度,无砂眼、裂纹等缺陷。水箱应采用节水型。

卫生洁具安装的其它材料有:镀锌管件、皮钱截止阀、八字阀门、水嘴、丝扣返水弯、排水口、镀锌燕尾螺栓、螺母、胶皮板、铜丝、油灰、铅皮、螺丝、焊锡、熟盐酸、铅油、麻丝、石棉绳、白水泥、白灰膏等均应符合材料标准要求。

主要使用的机具有套丝机、砂轮机、砂轮锯、手电钻和冲击钻。

工具则包括管钳、手锯、铁、布剪子、活扳手、自制死扳手、叉扳手、手锤、手铲、錾子、克丝钳、方锉、圆锉、螺丝刀、烙铁、水平尺、划规、线坠、小线、盒尺等。

安装卫生洁具之前 ,确认所有与卫生洁具连接的管道压力、闭水试验已完毕,并已办好预检手续。浴盆的安装应待土建做完防水层及保护层后配合土建施工进行。其它卫生洁具应在室内装修基本完成后再进行稳装。

安装工艺流程:安装准备→卫生洁具及配件检验→卫生洁具安装→卫生洁具配件预装→卫生洁具稳装→卫生洁具与墙、地缝隙处理→卫生洁具外观检查→通水试验

卫生洁具在安装前应进行检查、清洗。配件与卫生洁具应配套。部分卫生洁具应先进行预制再安装。

招式93 如何进行便器安装

(1)如何进行高水箱、蹲便器安装:

高水箱配件安装:

先将虹吸管、锁母、根母、下垫卸下,将虹吸管插入高水箱出水孔。将管下垫、眼圈套在管上。拧紧根母至松紧适度。将锁母拧在虹吸管上。虹吸管方向、位置视具体情况自行确定。

然后将漂球拧在漂杆上,并与浮球阀(漂子门)连接好,浮球阀安装与塞风安装略同。

拉把支架安装:将拉把上螺母眼圈卸下,再将拉把上螺栓插入水箱一侧的上沿(侧位方向视给水预留口情况而定)加垫圈紧固。调整挑杆距离(挑杆的提拉距离一般为40mm为宜)。挑杆另一端连接拉把(拉把也可交验前统一安装),将水箱备用上水眼用塑料胶盖堵死。

蹲便器、高水箱安装:

首先,将胶皮碗套在蹲便器进水口上,要套正,套实。用成品喉箍紧固(或用14#铜丝分别绑二道,但不允许压缩在一条线上,铜丝拧紧要错位90度左右)。

将预留排水管口周围清扫干净,把临时管堵取下,同时检查管内有无杂物。找出排水管口的中心线,并画在墙上。用水平尺(或线坠)找好竖线,然后将蹲便器排水口插入排水管承口内安好。同时用水平尺放在蹲便器上沿,纵横双向找平、找正。使蹲便器进水口对准墙上中心线。最后将蹲便器排水口用临时封好。

安装多联蹲便器时,应先检查排水管口标高、甩口距墙尺寸是否一致。找出标准地面标高,向上测量好蹲便器需要的高度,用小线找平,找好墙面距离,然后按上述方法逐个进行安装。

高水箱安装:应在蹲便器安装之后进行。首先检查蹲便器的中心与墙面中心线是否一致,如有错位应及时进行调整,以蹲便器不扭斜为宜。确定水箱出水口中心位置,向上测量出规定高度(给水口距台阶面2m)。同时结合高水箱固定孔与给水孔的距离找出固定螺栓高度位置,在墙上画好十字线,钻出φ30×100mm深的孔眼,用水冲净孔眼内杂物,将燕尾螺栓插入洞内用水泥捻牢。将装好配件的高水箱挂在固定螺栓上,加胶垫、眼圈,带好螺母拧至松紧适度。

(2)如何进行低水箱坐便器安装

低水箱配件安装:低水箱浮球阀安装与高水箱相同。

安装扳手时,先将圆盘塞入水箱左上角方孔内,把圆盘上入方螺母内,用管钳拧至松紧适度,把挑杆煨好勺弯,将扳手轴插入圆盘孔内,套上挑杆拧紧顶丝。

低水箱、坐便器安装:

将坐便器预留排水管口周围清理干净,取下临时管堵,检查管内有无杂物。

将坐便器出水口对准预留排水口放平找正,在坐便器两侧固定螺栓眼处画好印记后,移开坐便器,将印记做好十字线。

在十字线中心处钻出φ20×60mm的孔洞,把φ10mm螺栓插入孔洞内用水泥栽牢,将坐便器试稳,使固定螺栓与坐便器吻合,将便器对准螺栓放平,找正,螺栓上套好胶皮垫、眼圈上螺母拧至松紧适度。

对准坐便器尾部中心,在墙上画好垂直线,在距地平800cm高度画水平线。根据水箱背面固定孔眼的距离，在水平线上画好十字线。在十字线中心处钻 φ30×70mm 深的孔洞，把带有燕尾的螺栓（规格 φ10×100mm）插入孔洞内，用水泥栽牢。将低水箱挂在螺栓上放平、找正。与坐便器中心对正，螺栓上套好胶皮垫，带上眼圈、螺母拧至松紧适度。

坐便器使用注意：便器使用时请不要向便器内冲入新闻纸、纸尿垫、妇用卫生巾等易堵物品；便器不能在摄氏零度以下水环境中使用，否则水结冰膨胀会挤破陶瓷体；为防止破损和漏水，请不要用硬物撞击陶瓷体；为保持产品表面清洁，请用尼龙毛刷和肥皂水或中性清洁剂清洗，严禁用钢刷和强有机溶液清洗，以免破坏产品釉面，侵蚀管道。

招式 94 如何进行洗脸盆安装

洗脸盆零件安装：安装脸盆下水口：先将下水口根母、眼圈、胶垫卸下，将上垫垫好腻子后插入脸盆排水口孔内，下水口中的溢水口要对准脸盆排水口中的溢水口眼。外面加上垫好腻子的胶垫，套上眼圈，带上根母，再用自制扳手卡住排水口十字筋，用平口扳手上根母至松紧适度。

洗脸盆安装：

洗脸盆支架安装：应按照排水管口中心在墙上画出竖线，由地面向上量出规定的高度，画出水平线，根据盆宽在水平线上画出支架位置的十字线。按印记剔成 φ30×120mm 孔洞。将脸盆支架找平栽牢。再将脸盆置于支架上找平、找正。将架钩钩在盆下固定孔内，拧紧盆架的固定螺栓，找平正。

洗脸盆架安装：按上述方法找好十字线，按印记钻出 φ15×70mm 的孔洞，将盆架固定于墙上，将架勾勾在盆下固定孔内，找平、找正。

将水嘴丝扣处缠生料带，装在给水管口内，找平，找正，拧紧。

招式 95 如何安装水龙头

洗脸盆水龙头的安装：安装洗脸盆水龙头时应该注意去水口直径，现在市场上大部分属于硬管进水，所以应该注意预留上水口的高度，从台盆向下35 公分最为合适。

安装时，一定要选配专用角阀，而角阀一定要和墙出水的冷热水管固定。

当发现角阀和龙头上水管之间有距离时,去购买专用加长管来连接。一定不要用其他的水管来连接,因为如果水压大的话,很容易脱落,漏水。角度不合适的话可根据需要适度弯曲到您需要的位置。切记:不要硬弯曲到90度或大于90度。在安装面盆水龙头时,请不要忘记购买龙头的小接口(龙头短接)。在安装之前请别忘记提前冲洗埋在墙内的水管。

淋浴、浴缸龙头(挂墙)的安装:冷热水管的间距一定要达到15公分。安装前别忘了冲洗水管,以免水质过硬,对龙头造成损坏。购买暗装龙头后,一般要把龙头的阀芯预埋在墙内。预埋前一定要注意卫生间墙体的厚度。墙体太薄的话,阀芯将无法预埋。预埋时阀芯的塑料保护罩不要轻易摘除,以免在预埋时水泥和其他杂务损坏阀芯。另外在预埋阀芯时还应该注意一下阀芯的上下、左右的方向,以免阀芯埋错。墙装龙头预埋进水管时尺寸有偏差,可采用调节拐子进行校位。

恒温龙头的安装:安装恒温龙头之前,先检查一下水管是不是左热右冷,不要将冷热水管接错,以免龙头不能正常工作。燃气、太阳能热水器都不能使用恒温龙头,因为水压太低。安装恒温龙头请不要忘记安装冷热水过滤网。

单孔厨房龙头的安装:要求稳固,因为厨房龙头使用频率较高,加之被搬来搬去,极易松动,因此锁紧螺母一定要拧紧。目前,市面上出现了一些龙头为螺管加大螺母固定,这种稳固效果很好,如果能解决去水提拉问题,将来会是一个流行趋势。

选择合适的水龙头很重要,但是水龙头的清洁护理也不容忽视。为保持水龙头洁明亮,应经常或定期对其清洁护理。清洗时只能用清水漂洗,并用软布抹干龙头。切勿使用任何具有研磨作用的清洁剂,砂布或砂纸等。也不能使用任何具有酸性作用的清洁剂、擦亮磨料,或粗糙的清洁剂或肥皂。如需进行大量清洁工作,使用清水及软布、尽量清除表面污垢及垢膜;可使用温和的液体清洁剂不含磨损的擦亮液或无色的玻璃清洁剂等去除表面污垢及垢膜;清洁完成后,请即用清水清洗剂,并用软布抹干。

招式96 如何安装浴缸

浴缸应平稳安装,并且有一定坡度,坡向排水栓。浴缸的翻边和裙边等装饰收口嵌入瓷砖装饰面内后，浴缸周边与墙面、地面的接缝处用硅酮胶密封。

浴缸安装前必须调平地脚螺栓，在安装过程中，浴缸内不可放入铁物品，避免产生锈斑或有产品的划痕。在家里安装浴缸需要特别提醒的是，最好在铺砖前就挑选好浴缸。

双裙缸及单裙缸在选择长度时一定要注意浴缸的长度与高度所形成的矩形对角线的长度不能超过两平行墙的内空距离。

单裙缸及双裙缸的上水位一般留在浴缸的脚部靠墙位置，高度一般比浴缸的高度高200－－300mm为佳，太高的话会在热水出水过程中造成热量的不必要消耗，还有水花落到浴缸中形成水花四溅的情况，太低的话在使用的过程中会对身体形成碰撞。

冷热两根水管接口保持在135－165mm的中心距离，方便安装浴缸龙头，浴缸龙头的标准两孔间距是150mm但是有一定的调节性。

浴缸一般是通过下水器在浴缸底部加驳下水软管来引入到下水道的，这样对浴缸的下水位要求就不那么高，因为下水管可以在缸底前后左右拉动，但是建议放到浴缸能盖到的地面范围之内，不然的话要在浴缸的裙边开孔引出，影响美观。

安装压克力浴缸时，要注意浴缸表面应防止生物碰撞，硬物划伤和杂物污染；浴缸使用时应先加冷水，后加热水；清洁浴缸时可用毛巾、软质泡沫塑，肥皂粉、洗涤剂等，禁止使用强碱、强酸等污粉擦拭浴缸表面。

搪瓷浴缸可用海绵或软性织物沾中性清洁剂清洁浴缸表面污垢，千万不要使用高浓度强碱，强酸等清洁剂擦拭浴缸表面；浴缸表面禁止放置未熄灭之烟蒂，或其它高温器械；搪瓷浴缸要避免用铁杓从缸内汲水；避免用硬物、重物撞击缸体；浴缸虽有止滑设计，但使用时仍须小心，尤其是浴缸里装有肥皂水时，慎防脚滑。

温馨提示

1、卫生洁具使用时发生的问题主要有那些？

答：1）软管爆裂。联接主管到洁具的管路大多使用蛇型软管。如果软管质量低劣或水暖工安装时把软管拧着劲，容易造成应力集中，不长的时间就会使软管爆裂。

处理方法:软管爆裂十分常见。首先要选用优质产品。安装时要将软管捋顺,打弯的地方尽量缓慢过渡,不要打死弯。四氟带(生料带)常期受热容易收缩及老化,所以,热水水管密封材料一般使用麻丝加铅油。这样就不会造成水管漏水。

2)马桶冲水时溢水。产生的原因是,安装马桶时底座凹槽部位没有用油腻子密封,冲水时就会从底座与地面之间的缝隙溢出污水。安装卫生洁具前用水管子使劲冲刷下水管道,最好把水管子插到下水管的“S”弯那里冲刷。把那里有可能堵塞的杂物冲走。

处理方法:安装马桶时,在底座凹槽里填满油腻子,装好后周边再打一圈玻璃胶。

3)洗面盆下水返异味。装修完工的卫生间,洗面盆下水返异味。装修完工的卫生间,洗面盆位置会移到与下水入口相错的地方,洗面盆配带的下水管往往难以直接使用。安装工人为图省事,喜欢用洗衣机下水管做面盆下水,但一般又不做S弯,造成洗面盆与下水管道的直通,异味就从下水道返上来。

处理方法:洗面盆如果使用洗衣机软管做下水,就一定要把软管打一个圆圈,用绳子系好,形成水封就会防止返味

2、座便器问题多,进水阀不进水怎么办?

答:这就要检查自来水压力是否太低,检查进水阀的过滤网有否被杂物堵塞;打开进水阀盖,检查进水阀体内的密封胶圈是否脱落或有麻丝、铁屑、泥沙等杂物;检查进水阀浮体是否与水箱壁卡住,浮体是否上下自如。

如果座便器的水箱已经灌满水但进水阀仍继续进水,这时就要检查自来水压力 是否太低或太高;检查进水阀的浮体是否上下自如,有否被水箱或其它部件卡住;打开进水阀盖,检查阀体内密封胶圈有否被杂物卡住或脱落移位;检查进水阀是否破裂。

座便器有少量漏水现象出现的时候,看看座便器水箱排水阀安装孔子是否变形或开裂;检查座便器水箱排水阀安装孔安装面是否凹凸不平;检查排水阀安装时是否偏位;检查排水阀安装时底钩螺丝或压紧螺母是否拧紧;检查排水阀密封胶片密封面上有否杂质等不平物;检查排水阀密封胶牌 是否变形或松动脱落;检查排水阀出水口本体是否被碰伤;立位是否调节过高,高出溢流管;检查排水阀链条是否过短。

第十章
水电工健康防护3要招

shuidiangongjiankangfanghusanyaozhao

招式97:水电工尘肺病防治办法
招式98:水电工肌肉骨骼伤害防治办法
招式99:水电工保护眼睛办法

水电工因为专门从事与水电相关的配管配线作业，工作的内容通常包括冷热气、自来水、油料、化学流体、废水等管道系统的装配、固定、安设、维修，以及工厂、建筑物、场所等的电力输送。由于水电工的工作环境会因工程种类而不同，所暴露的环境物质也随工程而异，一般而言，他们部分工作暴露在如石棉 、有毒废气 、尘烟 、滴滴剂等不同的物质下，故水电工具有较高风险肺部方面的疾病。比起其它职业，水电工具有高比例的眼睛伤害，引起原因为外物擦伤或溅伤、结膜炎等。水电工常出现的前三项肌肉骨骼伤害为下背、右手、右手手肘，由于水电工在进行配管作业时，手部要反复扭转，来将塑料管捆绑固定，以不自然的姿势施力，所以容易造成腕道内肌腱、腱鞘及正中神经的伤害。

此外，水电工的作业环境决定了水电工有高处堕落、触电、物体飞落等意外灾害的潜在危险。因为水电工作业地点经常位于高处，一不留神或使用设施不当，就有可能从高处堕下，造成身体损伤。

由于水电工的危害为肺部、眼睛、肌肉骨骼伤害以及意外灾害，因此我们可以加强水电工对这些危害的认知，以了解作业环境中的危害因子。

行家出招

招式97 水电工尘肺病防治办法

尘肺病系指在生产活动中吸入粉尘而发生的以肺组织纤维化为主的疾病。

尘肺是因长期吸入生产性有害粉尘引起的以肺部弥漫性纤维化改变为主的全身性疾病。包括在电力行业生产过程中直接从事粉尘作业或服务于粉尘作业的各工种(岗位)工作而发 生的尘肺病。

尘肺病是一个没有医疗终结的致残性职业病。尘肺患者胸闷、胸痛、咳嗽、咳痰、劳力性呼吸困难、易感冒，呼吸功能下降，严重影响生活质量，而且每隔数年病情还要升级，合并感染，最后肺心病、呼吸衰竭而死亡，目前对此尚无特效药物治疗。

尘肺病预防的关键在于防尘 ，防尘工作做好了，劳动环境中的粉尘浓度就会大幅度下降,达到国家规定的卫生标准,就基本上可以防止尘肺的发生。控制粉尘危害、预防尘肺病发生的措施可以概括为 :“革、水、密、风、护、管、教、查”。

“革”:是技术革新、技术革命。工艺改革、革新生产设备,是消除粉尘危害的主要途径。

“水”、“密”、“风”:湿式作业、密闭尘源、抽风除尘的简称。对不能采取湿式作业的场所,应采用密闭抽风除尘办法,防止粉尘飞扬。

“护”、“管”:个人防护与维护管理。个人防护方面要佩戴防尘护具,如防尘安全帽、送风头盔、送风口罩等。维护管理指要建立防尘管理制度。

“查”是指定期测尘和职业健康检查 ,及时检查评比、总结。包括水电工的就业前和定期健康检查,脱离粉尘作业时还应做脱尘作业检查。同时,还要适当的给予水电工劳工教育与教导预防尘肺危害的知识;加强对意外灾害的认知,预防与自我防护。定期作肺功能检查,以预防疾病的发生。

目前,尘肺病尚无根治办法,我国职业病防治工作者多年来研究了一些治疗药物,如克矽平、柠檬酸、羟基哌哇、磷酸哌哇等。这些药物可以减轻症状、延缓病情进展。

在饮食方面,由于尘肺病人的脾胃运动功能失常,因此应选择健脾开胃,有营养易吸收的饮食。如:瘦肉、鸡蛋,牛奶,豆粉,新鲜蔬菜和水果。忌服过冷和油腻性食物。尘肺患者的饮食原则概括起来有三条:

第一,应增加优质蛋白的摄入量,每日应在 90—110 克,以补充患者机体消耗,增加机体免疫功能。

第二,多吃猪血和黑木耳,这是我国民间传统的防尘保健食品。民间称猪血为“洗肠肚”,猪血的血浆蛋白,经人体胃酸和消化液中酶的分解,能产生一种可解毒滑肠的物质,与进入人体的粉尘发生反应结合,随废物排出体外;黑木耳具有帮助消化纤维类物质的特殊功能。

第三,增加维生素 A 的摄入量。维生素 A 能维持上皮细胞组织,特别是呼吸道上皮组织的健康,对减轻咳嗽症状,防治哮喘有一定的益处,维生素 A 在动物性食品中含量最丰富,特别是动物肝、肾及蛋黄、奶油等中。

除了饮食要均衡,尘肺患者也必须注意适当的体育锻炼,坚持做医疗体操 ,如打太极拳、练气功、户外散步等。既能增强体质 ,又能锻炼心肺功能。尘肺病病程长 ,疗效缓慢,疾病加上劳动能力的部分丧失给患者带来的思想负担和精神压力不言而喻。七情内伤 ,可导致病情加重 ,所以要及时调整疑虑、痛苦、急躁、恐惧、失望等不良心理，并避免不良的应激性精神因素刺激，保持良好的情绪和乐观的精神状态，不但对机体免疫功能起着良好作用，对尘肺病的康复有着积极的作用。

由于水电工的行业大部分为男性，抽烟、喝酒是日常习惯。众所周知，吸烟能致癌，因为香烟中的尼古丁、氨、炭粒、氰酸等能致癌。饮酒和癌肿有密切关系。因为酒精可以刺激垂体激素的分泌，从而增加恶性肿瘤的易感性。因此，为保护身体健康，尽量减少烟酒，保持良好的生活习惯。

招式98 水电工肌肉骨骼伤害防治和眼睛保护办法

随着工作强度的加大，水电工腰肌劳损和网球肘的病发率越来越高。

网球肘是肘关节最常见的问题之一，它是附着在肘部外侧的肱骨上髁的一群肌腱发炎所造成。凡所从事的工作或运动，须要腕关节向上弯屈，或是须要强力握拳的动作者，例如水电工、网球选手等都是网球肘的好发族群。

患者在从事某些特别角度的动作（如手腕弯曲、握拳、手臂翻转）时疼痛加剧，严重时连拿筷子、拧毛巾、上厕所都有困难，造成生活上极大的不便。发生网球肘，可采用保护、休息、冰敷、压迫患处的方法缓解疼痛。

水电工长期体位不正或弯腰下工作，或经常腰部持续负重，可引起腰部筋肉的慢性积累性损伤就是腰肌劳损。很多水电工腰部急性损伤后，治疗不当或延误治疗，很可能造成腰部慢性损伤。

腰肌劳损的主要症状为腰或腰骶部疼痛，反复发作，疼痛可随气候变化或劳累程度而变化，时轻时重，缠绵不愈。腰部可有广泛压痛，脊椎活动多无异常。急性发作时，各种症状均明显加重，并可有肌肉痉挛，脊椎侧弯和功能活动受限。部分患者可有下肢牵拉性疼痛，但无串痛和肌肤麻木感。疼痛的性质多为钝痛，可局限于一个部位，也可散布整个背部。腰部酸痛或胀痛，部分刺痛或灼痛。

腰肌劳损要想彻底治愈，需要及时有效的综合治疗，及时的功能锻炼，和做好日常保健。平常在工作中要使用正确的蹲姿、站姿，以避免不当的姿势给肌肉骨骼造成的伤害。尽量不要搬运过重物体，因为这会造成背肌与脊椎的负担。此外，可以借助运动强化背肌和腹肌，预防背痛及避免背痛恶化。对于下背痛而言，游泳是一个很好的选择，其它如散步，自行车，外丹功等较不剧烈的运动均可考虑。

定期的健康检查非常必要，自己要为自己的身体负责。很对水电工以为劳动就等同于运动，这是非常错误的观念。培养定期且良好的运动习惯则有助于健康的增进，适当的饮食于营养的摄取也相当重要。

招式 99 水电工保护眼睛办法

对水电工来说，要保护眼睛，工作的姿势和距离很重要，尽量保持在 60 厘米以上距离，调整一个最适当的姿势，使得视线能保持向下约三十度，这样的一个角度可以使颈部肌肉放松，并且使眼球表面暴露于空气中的面积减到最低。

结膜炎是水电工常见的眼科疾病。结膜是覆盖在眼睑内面，眼球前部眼白表面的一层透明薄膜，结膜炎就是发生在结膜的炎症或感染，当结膜受到各种刺激后，将出现水肿、眼红，因此结膜炎又称为“红眼病”，可累及单眼或双眼。

引起结膜发炎的因素包括：细菌性、病毒性、砂眼、过敏性、化学性、物理性的刺激等。水电工的结膜炎一般是过敏性结膜炎。因其常接触到过敏性反应的粉尘、气体、药品等引起。其急性期可见症状包括：结膜水肿、流泪、骚痒、眼皮肿胀等，少有眼球疼痛的感觉。

虽然结膜炎本身对视力影响一般并不严重，但是当其炎症波及角膜或引起并发症时，可导致视力的损害。结膜炎一般病情较轻，但一旦发病，就应立即治疗，以避免引起并发症。

若是急性病毒性结膜炎，可点用类固醇（可地松）眼药水，以减轻病情。细菌性结膜炎，则须投与抗生素药水、药膏，甚至口服或注射抗生素。

水电工用眼要保持卫生，平时在阅读书报时，应保持 30 公分以上距离；看电视时须与画面至少保持 3 公尺距离。避免使用不洁毛巾及公共洗脸用具；不可用手揉眼睛。定期（最好每半年一次）到医院作眼睛健康检查。慎防酸碱、锐器等危险物品伤及眼睛。不要长时间逗留于灰、烟、高热等环境。化学药品泼伤眼睛时，须立即以大量清水冲洗，并迅速送医诊治（最好记下化学药品名称及浓度）。锐器等伤及眼睛时，请立即送医诊治（最好能记下锐器之名称、种类等）。若眼睛有红肿、疼痛、酸痒、视力减退等现象时，请到医院检查。

饮食方面，结膜炎的患者忌食葱、韭菜、大蒜、辣椒、羊肉、狗肉等辛辣、热性刺激食物。多吃水果蔬菜海产品。少吃甜食。喝菊花茶和绿茶对眼睛有好处。马兰头、枸杞叶、茭白、冬瓜、苦瓜、绿豆、菊花脑、香蕉，西瓜等具清热利湿解毒功效，可做结膜炎的辅助性治疗。多喝水，保持眼睛的湿润，经常眨眼也非常有好处。

运动保健方面，可以做眼保健操，把双手搓热放置眼球上可有活血功能。

水电工意外危害预防要点

（1）减少暴露于作业现场危害物质的机会，如戴口罩、防护具等。工作前必须检查工具，测量仪表和防护用具是否完好。作业现场的设备与设施要有必要的安全卫生设施与防护，以减少坠落、感电、物体飞落的危害。

（2）在登高作业时，必须有人监护，工作前先检查安全带，脚扣，梯子，高凳等有无损坏，发现有安全隐患问题时要立即解决。在2米以上工作时，须两人协作，并要系好安全带。在两层以上楼房安装室外玻璃时，必须系好安全带。手持电动工具外壳，手柄负荷线插头，开关等必须完好无损，使用前必须作空载检查。使用其它器械式手持工具（如射钉枪等）必须严格遵守操作规程。使用梯子时，梯子与地面的角度以60℃为宜，在水泥地面上使用梯子时，要有防滑措施，没有搭勾的梯子工作中要有人扶助梯子，使用人字梯时，拉绳必须牢固。高凳中间要有拉绳，不准人站在梯子上移动梯子，更不准站在高凳的最上一层工作

（3）着手改善手工具的设计，避免设计不当引起电器具造成的烧伤；以及改用新开发的手工具消除铁丝捆绑时手部的不自然姿势。使用测电笔时要注意测试电压范围，禁止超出范围使用，电工人员一般使用的电笔，只许在五百伏以下电压使用。

（4）加强安全卫生教育课程，教导认识适当的工作姿势，强化自身安全卫生的观念。在修理设备时，拉下开关和闸刀，必须在开关和闸刀处挂上"禁止合同，有人工作"的警示牌，在带电设备遮栏上和禁止通行的过道处，应挂上"止步，高压危险"的警示牌，工作地点应挂上“应在此工作”的警示牌。电力传动装置系统及高低压各型开关调试时，应将有关的开关手柄取下或锁

上,悬挂标示牌,防止误合闸.

(5)遇有雷雨天气时,在户外线路上和引入室内的架空引入线上及连接的刀闸上,工作的人员应停电工作. 低压设备上必须进行带电作业时,要有专人进行监护,工作时戴工作帽,穿长袖衣服,戴绝缘手套,并使用带绝缘柄的工具,站在绝缘垫上进行工作。工作中如遇中间停顿后再复工时,应重新检查所有安全措施,一切正常后,方可重新开始工作。

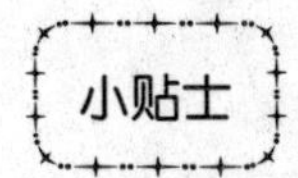

水电工爱眼食疗

1、对付眼睛疲劳秘方

眼睛过干、缺乏粘液滋润易产生眼睛疲劳的现象,维生素 A 或 b,胡萝卜素和粘液的供给有很大的相关性,此外维生素 B6、维生素 C 及锌的补充也可帮助解决眼睛干燥的问题。

对付眼睛疲劳,可以每周吃一次羊肝,多吃富含维生素 A 的食物,例如橘子,橙子之类可以保护眼睛。菊花对治疗眼睛疲劳有很好的疗效,中国自古就知道菊花能保护眼睛的健康,除了涂抹眼睛可消除浮肿之外,平常就可以泡一杯菊花茶来喝,能使眼睛疲劳的症状消,如果每天喝三到四杯的菊花茶,对恢复视力也有帮助。

2、对付视线模糊的食补秘方

部份水电工在连续工作之后,往往会有看不清字或是觉得视线模糊;另外有些人只有在晚上光线昏暗时才有视力明显变差的情形,这也就是一般大家所知的夜盲症。眼球视网膜上的视紫质由蛋白质合成的,蛋白质缺乏了,就会可导致视紫质合成不足,进而出现视力障碍。因此,平时要给我多"吃"些含蛋白质较高的食物,如瘦肉、鱼、乳、蛋和大豆制品等。

目前市面上流行的山桑子或是越橘中所含花青甘色素类等,对于视线模糊或是在黑暗中快速调整视力等,皆有不错的效果。决明子泡水喝也可以,明子为豆科植物草决明的成熟种子,能益肾清肝,明目通便。决明子为常用之明目保健药。

3、维持视神经系统正常的秘方

严重的视神经萎缩会造成失明。视神经萎缩患者注意不要吸烟、饮酒和喝咖啡。不要经常吃高脂肪饮食。因为动物脂肪和胆固醇含量高的食物可以促使中性类固醇与胆酸在体内合成,经过某些肠道细菌的作用视神经萎缩症状可能产生内源性的致癌物。少吃或不吃在制作过程中容易发霉的食物如:腌菜、腌肉等。因为视神经萎缩症状中常含有致癌性霉菌。忌吃已被污染的食物。如被农药、化肥和重金属等污染的主食和副食不能吃,饮用水中要没有水源污染

维生素B群尤其是维生素B1、B12,和视神经健康有非常密切的关系,若缺乏维生素B1、B12,易造成神经炎及神经病变。

4、对付抗组织老化的食补秘方

过多自由基会对眼睛组织造成伤害,所以能够和自由基直接作用的营养素,也就是抗氧化营养素,如b萌萝卜素、维生素A、C、E 、花青甘色素类等,能够预防白内障等的进一步恶化。

温馨提示

1、如何选用防尘口罩(面罩),多长时间需要更换?

防尘口罩的选用要注意三点:

第一是口罩要能有效地阻止粉尘进入呼吸道。一个有效的防尘口罩必须是能防止微细粉尘,尤其是对5微米以下的呼粉尘进入呼吸道,也就是必须是国家认可的"防尘口罩"。必须指出的是一般的纱布口罩是没有防尘作用的。

第二是适合性,就是口罩要和脸型相适应,最大限度的保证空气不会从口罩和面部的缝隙不经过口罩的过滤进入呼吸道,要按使用说明正确佩戴。

第三是佩戴舒适,主要是又要能有效的阻止粉尘,又要使戴上口罩后呼吸不费力,重量要轻,佩带卫生,保养方便。

防尘口罩戴的时间长了就会降低或失去防尘效果,因此必须定期按照口罩使用说明更换。使用中要防止挤压变形、污染进水,仔细保养。

2、尘肺病的致残等级如何确定?

尘肺病对劳动者劳动能力的影响程度需根据其X线诊断尘肺期别、肺功能损伤程度和呼吸困难程度进行鉴定。根据新颁布的《劳动能力鉴定职工工伤与职业病致残等级分级》(GB/T16180-2006),尘肺致残程度共分为6级,由重到轻依次为:

(1)一级 ①尘肺Ⅲ期伴肺功能重度损伤及/或重度低氧血症〔PO2 <5.3

kPa(40 mmHg) = 。②职业性肺癌伴肺功能重度损伤。

(2)二级 ①尘肺Ⅲ期伴肺功能中度损伤及(或)中度低氧血症;②尘肺Ⅱ期伴肺功能重度损伤及或重度低氧血症〔PO2 < 5.3 (40mmHg)〕;③尘肺Ⅲ期伴活动性肺结核;④职业性肺癌或胸膜间皮瘤。

(3)三级 ①尘肺Ⅲ期;②尘肺Ⅱ期伴肺功能中度损伤及(或)中度低氧血症;③尘肺Ⅱ期合并活动性肺结核。

(4)四级 ①尘肺Ⅱ期;②尘肺Ⅰ期伴肺功能中度损伤及/或中度低氧血症;③尘肺Ⅰ期合并活动性肺结核。

(5)六级尘肺Ⅰ期伴肺功能轻度损伤及/或轻度低氧血症;

(6)七级尘肺Ⅰ期,肺功能正常。